大数据时代数据仓库技术研究

Techniques Research for Data Warehouse in Big Data Era

王会举　著

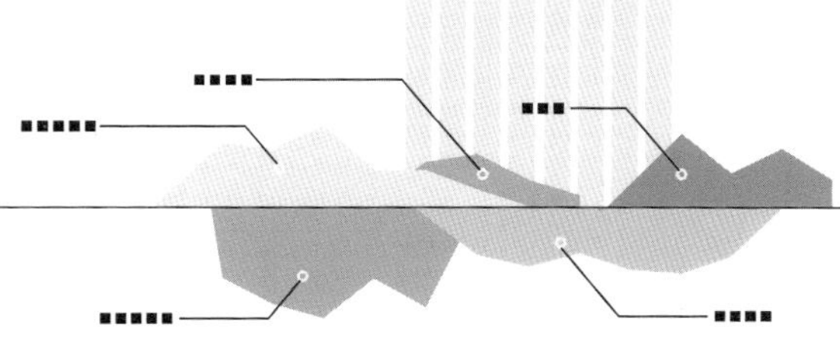

WUHAN UNIVERSITY PRESS
武汉大学出版社

图书在版编目(CIP)数据

大数据时代数据仓库技术研究/王会举著．—武汉：武汉大学出版社，2016.12

ISBN 978-7-307-18873-0

Ⅰ.大…　Ⅱ.王…　Ⅲ.数据库系统—研究　Ⅳ.TP311.13

中国版本图书馆 CIP 数据核字(2016)第 288743 号

责任编辑:王金龙　　责任校对:李孟潇　　整体设计:韩闻锦

出版发行：**武汉大学出版社**　(430072　武昌　珞珈山)

(电子邮件：cbs22@whu.edu.cn　网址：www.wdp.com.cn)

印刷:虎彩印艺股份有限公司

开本：720×1000　1/16　印张:10.75　字数:156 千字　插页:1

版次：2016 年 12 月第 1 版　　2016 年 12 月第 1 次印刷

ISBN 978-7-307-18873-0　　定价:29.00 元

前　言

2005年，笔者受原单位委托，要基于某省第一次全国经济普查数据，用Cognos和SQL Server DTS为该省某局开发一个数据分析系统，自此便和数据仓库结下了不解之缘。掐指算来，笔者已在这个领域摸爬滚打12年有余：4年多的数据仓库项目开发实施经历，外加8年多国内外大数据和数据仓库研究经历。现在呈现在您面前的，便是笔者这10多年来对数据仓库的一些思考和总结。

本书以大数据为时代背景，系统分析了传统数据仓库技术当前存在的问题及面临的挑战，并全面深入对比了当前主流的面向大数据的数据仓库解决方案；在此基础上，笔者系统阐述了自己的一系列研究工作，包括两个原型系统LinearDB和Pagrol的核心技术——面向大数据的数据存储、可扩展且高效的查询处理模型、面向属性图的多维模型构建以及并行属性图多维立方体计算算法设计实现等，内容涵盖了ROLAP和MOLAP两种主要的OLAP实现方式。

本书具有取材新颖、系统性强、内容丰富、手段方法先进等特点，反映了当前大规模数据仓库研究的最新动态和成果，具备一定的学术价值和实用价值。本书可供计算机、信息管理与信息系统、数据仓库/商务智能、大数据分析等相关专业的科研、教学及管理人员参考，也可作为大数据处理相关工程技术人员的参考用书。

本书的撰写离不开以往各位合作者的辛苦付出，尤其是中国人民大学王珊教授、杜小勇教授、周烜副教授、张延松副教授、覃雄派博士、李芙蓉同学、覃左言同学，新加坡国立大学Tan Kian-Lee教授、Wang Zhengkui博士、Fan Qi博士及美国加州大学圣芭芭拉分校Divyakant Agrawal教授、Amr El Abbadi教授等人的辛勤劳动，在此表示深切的感谢。在本书撰写过程中，得到了中南财经政法大学信息与安全工程学院老师们的热情鼓励和帮助，作者向他们以及一切支持本项研究工作的人们致以真诚的谢意。

由于大数据处理技术发展迅速，而本书的篇幅有限，因此在取材和论述方面必然有不全面之处，敬请广大读者指正。

本书为中南财经政法大学信息与安全工程学院学术专著基金和中南财经政法大学人才引进科研启动金资助。

王今举

2016年10月

摘　　要

大数据时代，数据仓库系统中的管理对象已发生质的变化。一方面，管理对象的规模在持续爆炸式增长着，PB 级的数据仓库已是寻常规模。数据规模的变化，对数据仓库查询处理模式的影响是根本性的。以简单的扫描操作为例，1PB 数据在 50MB/s 的 I/O 速度①下，仅执行一次扫描操作就需要 230 天②。数据“量”的变化，急需技术“质”的更新。另一方面，管理对象呈现出多样化的特点。随着传感器、智能设备以及社交协作技术的飞速发展，现实世界中的数据也变得更加复杂，因为它不仅包含传统的关系型数据，还包含来自网页、社交网络、互联网日志文件等结构化、半结构化和非结构化数据。考虑到关系模型和属性图的紧密关联性③，本书以关系型数据和属性图数据(如 Facebook、万维网等)为例进行研究。

大规模并行处理是大数据处理的有效途径。出于代价的考虑，由中低端硬件构成的大规模机群环境成为大数据分析的主流计算平台。如果利用 6000 块磁盘仍以 50MB/s 的 I/O 速度并行读取 1PB 的数据，整个读取仅需要 1 个小时。运行于大规模机群上的 MapReduce 平台是目前大数据处理的基础平台。

---

① 当前服务器的 I/O 速度一般为 50MB/s 及以下，高端的在 100MB/s 左右。鉴于大数据分析的主流平台一般基于中低端硬件搭建，我们选择一般的 I/O 速度进行计算，此 I/O 速度的选择并不会导致结论性的变化。

② 此处假设有 1 磁盘可以装下 1PB 的数据，磁盘读取时，没有借助预取等高级 I/O 特性。

③ 属性图可看做是关系模型的泛化，它不仅包含节点/边实体属性信息和不同实体型间实体联系信息(如学生与课程间的选课关系)，也包含同一实体型内实体联系信息(如学生间关系)。

新的计算环境和复杂的管理对象挑战着传统数据仓库系统。(1)传统数据仓库扩展能力面临巨大挑战。并行数据库是传统数据数据仓库系统处理海量数据的主流平台，而并行数据库扩展性有限，至多可扩至百级节点规模，导致传统数据仓库系统难以实现大规模可扩展能力。此外，传统数据仓库的可靠性依赖于高端硬件来保证。在中低端硬件构成的计算环境下，原本可靠的硬件变得不再可靠，导致原有的基于高端硬件平台设计的并行 OLAP 查询算法不能适应这种由不可靠计算单元组成的大规模并行计算环境。计算的容错能力也严重限制了传统数据仓库系统的扩展性。(2) 传统数据仓库技术难以应对新的数据类型。以属性图为例，属性图中既包含节点属性信息，也包含节点间边的联系信息和属性信息。而传统的数据仓库技术主要处理节点/边属性信息和不同实体型间实体联系信息，无法处理同一实体型内不同实体间的联系信息即无法处理图结构信息，导致其对属性图难以提供充分有效的 OLAP 分析功能。如何设计新的面向属性图的 OLAP 模型及实现算法，充分挖掘节点/边的属性信息和节点间的联系信息，开发有效的属性图分析功能，是一项亟待解决的工作。

本书主要关注如何基于 MapReduce 平台高效地处理巨量数据上的 OLAP 查询。OLAP 分为 ROLAP(Relational OLAP)和 MOLAP(Multidimensional OLAP)，出于内容的完整性，我们分别基于关系数据和属性图对其进行研究：

1. 面向关系数据的 ROLAP 研究

众所周知，MapReduce 的性能远低于并行数据库，尤其是连接操作，归根结底源于其执行方式：MapReduce 最初是面向单数据集上的扫描操作而设计的，而数据仓库查询往往涉及多个数据集间的连接操作。因而在基于 MapReduce 实现数据仓库查询时，往往需要启动多个 MapReduce 作业，并借助于物化的中间数据将这些作业连接起来，从而导致较高的 I/O 代价和网络传输代价。为解决此问题，我们设计了同时具备 MapReduce 的扩展性和关系数据库的性能新型数据仓库框架及执行引擎。具体研究思路为：基于 MapReduce 平台，利用关系数据库技术，设计一个同时具备关系数据库性能和 MapReduce 扩展性的新型数据仓库系统。其研究内容包括：

(1)提出"关系化"MapReduce 的思想，即在不改变 MapReduce 扩展性和容错性的前提下，利用关系数据库技术，根据 MapReduce 的执行特点，对其进行优化，以使其接近甚至达到关系数据库的性能。我们基于 MapReduce 平台提出了大规模可扩展的高效数据仓库架构，并从查询执行和数据存储两个关键点进行了深入研究。

(2)设计了面向 MapReduce 平台的高效的新型数据仓库查询执行框架。为了使 OLAP 查询的处理能够适应 MapReduce 框架的"扫描——聚集"处理模型，本书对传统的星形模型(雪花模型)的存储方式及星形(雪花)查询处理模式进行改造，提出了全新的无连接存储模型和 TAMP 执行模型。无连接存储模型基于层次编码技术，将维表层次等关键信息压缩进事实表，使得事实表可以独立地以扫描的方式对数据进行处理，从数据模型层保证了数据计算的独立性；TAMP 执行模型将 OLAP 查询的处理抽象为 Transform、Aggregation、Merge、Postprocess 四个操作，使得 OLAP 查询可被划分为众多可并行执行的独立子任务，从执行层保证了系统的高度可扩展特性。在性能优化方面，本书提出了 scan-index 扫描和跳跃式扫描算法，以尽可能地减少 I/O 访问操作；设计了并行谓词判断、批量谓词判断等优化算法，以加速本地计算速度。同时为了应对因维表更新所导致的层次编码变更问题，提出了多版本共存的数据更新协议。实验表明，原型系统 LinearDB 可以获得较好的扩展性和容错性，其性能比原有的 Hadoop 高出一个数量级。

(3)提出了针对 MapReduce 存储系统的智能型存储模型。MapReduce 依赖于数据文件块的冗余机制来获得较好的容错性，简单起见，每一个冗余块都采用相同的存储模型。这种方式忽略了如下事实：MapReduce 作为大数据处理分析的重要平台，其上运行的任务是多种多样的；不同任务的数据访问模式是不同的，单一存储模型无法适应所有任务。为了能让 MapReduce 同时从多种存储模型中获益，我们提出了智能型数据存储的思想：为同一数据块的不同备份设计不同的存储方式，如第一个备份存为列存，第二个备份存为PAX存储等。对于每一个MapReduce任务，智能型存储模型对每一种存储格式的访问代价进行估计，并针对查询特点和当前负载状况，选择访问代价最低的冗余块(存储模型)进行数据的访问。基于该思想，我们以两种列存储模型——纯列存和PAX存储(新的存储模型称为HC存储模型(Hybrid column-store))为例，进行了实验研究。实验结果表明，HC存储可以超越单一的PAX存储或列式存储，尤其是面对多样的查询负载时。

2. 面向属性图的MOLAP研究

属性图上的MOLAP立方体计算在大数据时代面临巨大挑战，原因如下：

(1)计算量较大。计算量大不仅仅因为数据规模大，还在于立方体中包含的单位立方体的个数较多。对于节点和边分别有n个维度和m个维度的属性图来说，在不考虑维度层次的情况下，需要计算2^{n+m}个单位立方体。

(2)单位立方体计算代价高。每一个单位立方体都是基于原始数据的一次聚集查询，每一个聚集查询往往涉及事实表和维表、节点信息和边信息的巨量数据连接，因此立方体的计算代价相当于执行2^{n+m}次基于巨量数据上的连接查询。

(3)属性图上的多维计算更加复杂。基于属性图的多维数据立方体，连接操作不仅存在于事实表和维表之间，也存在于节点和边之间；属性的聚集操作不仅要作用于属性维度上，也要作用于结构信息上。

为了应对该挑战，针对属性图，我们提出了基于MapReduce的Pagrol并行属性图OLAP系统，以有效且高效地对大型属性图提供有力决策支持。Pagrol提出了一种新的面向属性图的立方体模型，即超图立方体(Hyper Graph Cube)，这种模型能够按照不同的粒度和层级对属性图进行聚合，以对不同查询提供支持；设计了新型的OLAP上卷/下钻操作，支持点/边上维度层次的灵活上卷/下钻操作。基于该模型，Pagrol实现了基于MapReduce的并行图立方体计算算法——MRGraph-Cubing，并使用了多种有效的优化技术：自成一体的连接策略、立方体分批方法、基于代价的批次分包方法（每个包包含多个批次）等。基于 Facebook 真实数据与人工数据进行的大量实验表明，Pagrol 可行、高效且具有高度可扩展性。

目　录

第1章　绪　　论

1.1　研究背景

1.1.1　大数据时代

近年来，“大数据”已广为人知。大数据的热门主要源于两点共识。首先，在过去的20年间，数据产生速度越来越快。据国际数据公司IDC报道，人类产生的数据量正在呈指数级增长，大约每2年翻一番，2020年全球数据量将达到40ZB[1]。其次，大数据中隐藏着巨大的机会和价值，将给许多领域带来变革性的发展。著名管理咨询公司麦肯锡称：“数据已经渗透到当今每一个行业和业务职能领域，成为重要的生产因素。人们对于大数据的挖掘和运用，预示着新一波生产力增长和消费盈余浪潮的到来。”[2]美国政府把大数据称做“未来的新石油”，并制订了《联邦大数据研究与发展战略计划》[3]。我国国务院也发布了《促进大数据发展行动纲要》，将数据放在了战略性资源的高度[4]。各种期刊杂志(如《Nature》和《Science》)、公共媒体(如经济学人、美国时代周刊，美国国家公共广播电台等)充斥了大数据的相关信息。大数据研究已经吸引了产业界、政府和学术界的广泛关注。“大数据时代”已然来临。

大数据泛指大规模、复杂的数据集，因可从中挖掘出有价值的信息而备受关注，但传统方法无法对其进行有效处理和分析。其主要特征可总结为3V，即体量大(volume)、速度快(velocity)、数据类型多样(variety)。体量大指的是数据规模越来越大；速度快指数据产生的速度越来越快，相应地系统处理速度也要求越来越高；数据类型多样指数据不仅是结构化数据，也有半结构化和非结构化数据。

1.1.2　数据管理技术发展历程

纵观历史，数据管理技术经历了人工管理、文件系统管理、数据库管理系统三个阶段。通过对其发展过程的分析，可以看到有四股力量推动着数据管理技术的发展：硬件技术、软件技术、管理对象和应用需求。由人工管理阶段进入到文件系统阶段，是因为在硬件上出现了随机访问设备，软件上研发出了操作系统和文件系统；由文件系统阶段步入数据库管理系统阶段，是因为管理对象的规模发生了较大变化，数据管理的应用领域越来越广，数据共享的需求越来越强烈。

数据管理技术在这三个阶段间的过渡均用了10年左右的时间。数据库管理系统自20世纪60年代末诞生以来，至今已有40年发展历史。在过去的40年里，数据管理系统的管理对象、软/硬件平台和用户需求经历了由量的积累到质的转变的过程，导致关系数据库已难以应对。为解决大数据分析的问题，各种NoSQL数据库产生并发展起来[5]。当前，数据管理技术已经进入了大数据管理阶段(见图1-1，计算环境即为软/硬件平台)。

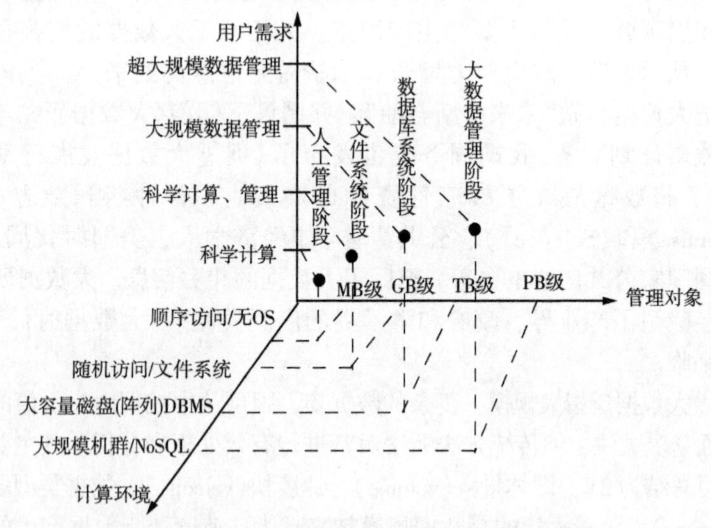

图1-1　数据管理技术发展过程分析

作为数据管理技术的重要分支，数据仓库产生于20世纪80年代，至今已有近30年的历史。30年间，数据仓库技术的四大推动力量在大数据的时代背景下，也在不断发展着。本章着重从历史的角度，简要地回顾这四大推动力量在近30年里的发展变化，并对这些变化给传统的数据仓库技术带来的挑战进行分析。

1.2　传统数据仓库技术概述

数据仓库是面向主题的、集成的、与时间相关的、不可修改的数据集合，主要服务于政府或企业的管理和决策，面向少数决策人员。传统的数据仓库系统是ETL（抽取 Extraction、转换 Transformation、加载 Load）工具、关系数据库和BI（商务智能 Business Intelligence）工具①的集成，它以数据库管理系统为核心，借助ETL工具对数据进行迁移，利用BI工具对数据进行查询分析。图1-2是一个典型的数据仓库架构[6]。从图中可以看出，传统的数据仓库将整个数据处理流程划分为四个阶段：数据源中的数据首先通过ETL工具被抽取到数据仓库中进行集中存储和管理（一般选用关系数据库），然后按照星形模型或雪花模型组织数据，最后通过BI工具对数据仓库中的数据进行查询分析。BI工具提供汇总报表、交互式数据分析（多维数据分析）及数据挖掘等多种数据操作与分析功能。

传统数据仓库的基本工作流程是：数据仓库开发人员根据决策人员的需求，结合企业现有数据资源，设计分析主题及数据抽取转换过程。此后，ETL工具定期对数据进行抽取、转换和加载操作，决策人员用BI工具对数据仓库中的数据进行查询分析。在这样的框架下，业务需求要尽量确定，数据在进入仓库前也应是干净而稳定的。

① 本工作中的BI工具指OLAP工具、前端报表分析工具等。对应图1-2中的OLAP服务层和前端展现层。前端展现工具包括Hyperion Brio等报表工具，SPSS、R等统计分析工具，用户自主开发的查询工具等。

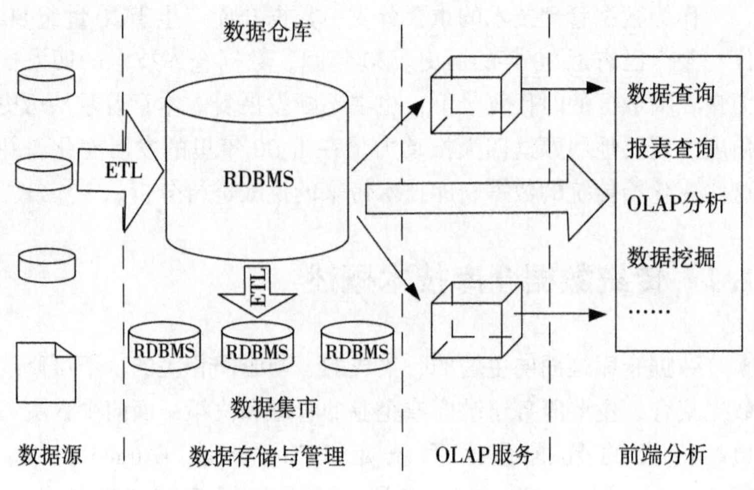

图 1-2　一个典型的数据仓库架构

在此强调，鉴于本章着重讨论面向海量数据的数据仓库系统，此类系统往往基于面向分析的并行数据库搭建，所以如非特别指出，书中的关系数据库均指分析型并行数据库系统(如 Teradata 数据库、Greenplum 数据库等)。

1.3　四大推动力的发展变化

数据仓库技术是近些年数据管理领域的研究热点，原因在于其当前面临的挑战尤为突出和急迫。本节对推动数据仓库技术发展的四股力量在近 30 年间的发展变化情况进行回顾分析，并指出当前大数据分析面临的主要挑战。

1.3.1　管理对象的变化

1. 对象规模的变化

传统数据仓库的管理对象主要是可以用二维表格描述的结构化数据，其数据规模往往是 TB 级或至多 PB 级。近 30 年来，数据仓库的管理对象已经发生了质的变化，具体体现为多样化、多变化、海量化的特点[7,8]。

数据仓库系统咨询公司 WinterCorp 2007 年的调查显示(见图 1-3),自 2001 年以来,世界上最大的数据仓库中的数据量,每两年增加 3 倍[9](年均增长率达 173%),其增长速度远超摩尔定律。到 2018 年,最大数据仓库中的数据量将逼近 1000PB。

目前 TB 级的存储磁盘已越来越普遍化,因此数据量的爆炸式增长带来的不仅是存储的问题,而是海量数据的快速访问问题:1PB 的数据,在 50MB/s① 的 I/O 速度下,仅执行一次简单扫描操作就大约需要 230 天②。

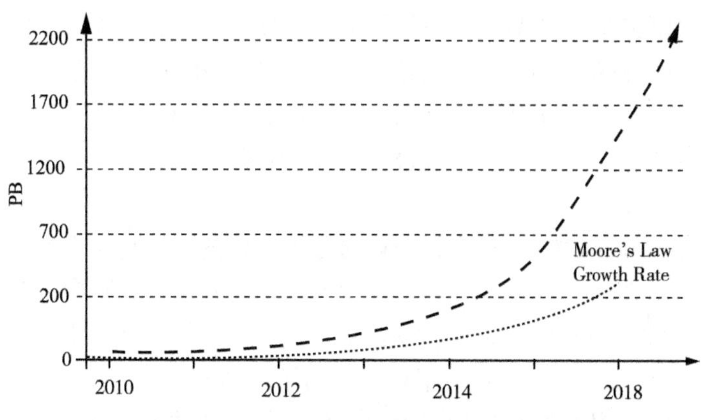

图 1-3 WinterCorp:最大数据仓库中数据量的增长预测

2. 对象复杂性的变化

传统的数据仓库往往假设数据可以用关系二维表进行描述建模,联系主要出现在不同实体型间。随着社会发展和网络技术应用的普及,越来越多的领域数据已难以用二维表格进行建模,典型的

① 当前服务器的 I/O 速度一般为 50MB/s 及以下,高端的在 100MB/s 左右。鉴于大数据分析的主流平台一般基于中低端硬件搭建,我们选择一般的 I/O 速度进行计算。

② 此处假设所有数据都放在一块磁盘上。

实例有各种社交网络数据、交通网络数据等。这些数据间的联系不仅体现在不同实体型间(如学生实体型和课程实体型之间的选课联系)，也体现在同实体型间(如不同学生实体之间的关联关系(如同学关系、朋友关系)等)。此类数据，我们需要用描述能力更强的数据模型来建模。

1.3.2　分析需求的变化

从商务智能咨询机构 TDWI 对数据分析需求的总结和预测可以看出[10]，数据分析始终沿着由简单到复杂的趋势发展：从最早的(20 世纪 80 年代)定制化的二维报表分析，演变为 20 世纪 90 年代的基于 OLAP 技术的多维数据分析，再发展到 21 世纪初的监测分析等。企业关注点的变化是数据分析发展的主要推动力。20 世纪 80 年代，企业主要关注过去“发生了什么”；到 20 世纪 90 年代变为“为什么这样”；而 21 世纪，企业则更关心“正在发生什么”。

InformationWeek 指出，企业对数据分析的需求将越来越多地依赖于 MapReduce、NoSQL 等大数据处理平台和云计算平台，其数据分析的需求也趋向复杂化，从而对数据仓库系统的能力提出了更高的要求[11]。Oracle 公司的报告也表明了同样的观点[12]。

此外，数据分析出现了大众化的趋势，即数据分析不再是阳春白雪的高端应用，众多中小型企业也希望建立数据分析系统，对业务数据进行分析。为了能快速决策，以占据竞争优势，企业对分析的响应时间也提出了更高的要求。

1.3.3　硬件平台的变化

传统的数据仓库系统往往基于高端硬件设计，由硬件保证可靠性。面对大数据分析的需求，纵向扩展系统(Scale Up)，即通过扩展单个节点的能力来提升系统处理能力，终将遇到“天花板”；而横向扩展系统(ScaleOut)，即通过横向增加新的计算节点，才是可行的解决办法。但数据量的增大会导致计算规模的增大，继而引起成本的提升。为了降低成本，基于中低端硬件搭建的大规模机群逐渐成为大数据分析的主流平台。

仍以 1.3.1 提到的 1PB 数据扫描的例子进行讨论。若采用分而治之的策略，首先把 1PB 数据分布到机群上，然后将查询分成众多子任务在大规模机群上并行执行，仍按 50MB/s 的 I/O 速度计算，在 6000 个节点上(每个节点配备一块磁盘)并行扫描，理想情况下仅需 1 小时。可见，基于大规模机群(上千个节点)的并行数据处理技术是解决大数据分析的有效途径。

然而，计算规模的变化和计算节点可靠性的变化，带来的不仅仅是硬件问题，更多的是软件问题，尤其是扩展性和容错性问题，详见 1.4 节的分析。

1.3.4 软件技术的发展

传统数据库系统仅需支持百级节点规模，而 30 年后的今天，计算环境已发生了质的变化，节点数上升至数千个的规模，并行计算面临容错性、扩展性、性能等各方面的挑战。

软件技术层面的一个值得我们关注的发展，是 2004 年 Google 公司提出的面向大数据集处理的 MapReduce 技术[13]以及后起之秀 Spark[14,15]。MapReduce 起初主要用于互联网数据的处理，例如倒排索引的建立、文档的抓取等。但因其简单而强大的数据处理接口和对大规模并行处理、容错及负载均衡等实现细节的较好封装，该技术一经推出便迅速在数据挖掘、机器学习、数据分析等领域得到广泛应用[16]。

MapReduce 对数据管理技术的发展产生的影响是巨大的。当前，主流的数据库厂商，从传统数据库如 Teradata[17]、Oracle[18]到新一代的数据库产品 Vertica[19]、Greenplum[20]、Aster Data[21]等，几乎提供了对 MapReduce 支持技术。同时以 MapReduce 技术为代表的 NoSQL 数据库也发展迅速，短短 3 年的时间，已有至少 200 个 NoSQL 数据库诞生[5]，传统数据库面临 NoSQL 数据库的巨大挑战。

但我们要强调的是，MapReduce 带给我们的不仅是一项技术，更重要的是这种技术背后所隐藏的，或者说被数据库界忽略多年的真实的需求——如何能以较低的成本投入，高效地进行大数据分析。

1.4　传统数据仓库系统在大数据时代面临的挑战

从以上分析可以看出，数据管理技术的四股推动力量在近30年间，经历了由量变到质变的过程。新的需求和技术挑战着传统的数据仓库的设计及实现。

1.4.1　架构问题

根据1.3节所述，在大数据时代下，传统的数据仓库架构存在如下四个问题：

1. 问题一：数据移动代价过高

传统数据仓库架构中的每一层都对应不同的数据仓库工具，层与层之间大多借助于数据的移动操作连接起来(见图1-2)：ETL工具将数据源中的数据抽取出来，并按照数据仓库中设定的模式(一般为星形模型或者雪花模型)进行数据的转换装载，从而连接了数据源层和数据存储管理层；OLAP引擎直接从数据存储管理层读取数据并执行聚集操作，进而将数据存储管理层和OLAP服务层连接起来；而OLAP服务层和前端分析层之间是通过前端分析工具(如Hyperion Brio、JPivot、Excel等)连接。同时，大多前端分析工具，如SPSS等统计分析软件，也支持直接基于数据仓库中的数据进行分析，此时前端分析工具往往需要将数据先从数据仓库中移入自己系统内，然后再对其进行计算、分析。

可以看出，传统数据仓库系统的整体架构围绕关系数据库设计，多数情况下，数据的计算和分析依赖于移动数据的方式。此种架构在“小数据”时代运行良好，但面对大数据量和新的分析需求，遇到了前所未有的困难：其性能在TB级时或许可以接受，但对于至少PB级的大数据来说，查询执行时间可能会增长几个数量级。更为重要的是，对于大量的即席分析，这种移动数据的计算模式更是不可取的。

2. 问题二：不能快速适应变化

传统数据仓库通常采用物化视图和索引方式来保证性能，数据的更新意味着大量物化视图和索引的更新。因此传统数据仓库假设主题数据是较少变化的，其应对变化的方式是重新执行从数据源到前端分析的整个流程，从而导致其适应变化的周期较长。这种模式比较适合对查询性能和数据质量要求较高、而对预处理代价要求不高的场合。但在大数据时代，面对变化且不确定的分析需求，这种模式将难以适应新的环境。

3. 问题三：海量数据与系统处理能力之间的鸿沟将会进一步加大

在大数据时代，一边是至少 PB 级且仍在持续爆炸式地增长的数据，另一边是面向 TB 级(至多 PB 级)数据量及传统数据分析需求设计的数据仓库和各种 BI 工具。如果这些工具或系统发展缓慢，该鸿沟将会随着数据量的增长而逐步拉大。

4. 问题四：系统开放性不够

传统的数据仓库系统依赖于特定的软件工具，如关系数据库、ETL 工具、BI 工具等，进行数据的存储、处理和分析。关系数据库往往采用 SQL 语言作为数据服务接口，而在大数据分析面前，SQL 接口面临巨大挑战。SQL 的优势在于其对底层数据访问的透明化，但透明化在一定程度上影响了开放性——用户只能进行可以用 SQL 表达的操作，而一些复杂的分析操作，往往需要借助于过程式语言，SQL 将难以甚至无法胜任。再者，关系数据库提供的用户自定义函数大多是基于单数据库实例设计的，从而无法在机群上并行执行，也即意味着传统的实现方式不适合大数据的处理及分析。此外，BI 工具和 ETL 工具的功能是往往是相对固定的，对用户自定义函数的支持非常有限，导致其难以表达复杂而多变的大数据分析操作。综上所述，支撑工具(系统)的封闭性导致数据仓库系统难以进行复杂的统计分析。

尽管传统数据仓库可以采用建立数据集市甚至舍弃不重要数据的方式来减少数据规模，以缓解此问题，但毕竟只是权宜之策，并非系统级解决方案。而且舍弃数据的方式是不明智的，因为这些数据仍存在利用价值。

1.4.2　扩展性问题

如前所述，海量数据仓库往往基于并行数据库搭建。在大数据时代，并行数据库的扩展性面临巨大挑战。并行数据库大多只支持有限规模的扩展，一般可扩至数百节点，当前尚未有数千节点规模的应用案例。根据 CAP 理论①[22]，在分布式系统中，数据一致性(Consistency)、可用性(Availability) 和网络分区容忍性(Tolerance of Network Partitioning)不可兼得，最多可以同时获得两项；选择其中任两项，便会损害剩余一项。由于并行数据库追求的数据的强一致性和系统的高可用性，因此从理论上讲，难以做到大规模扩展。

此外，随着并行数据库规模的扩大，其代价会迅速增加(需基于高端硬件来保证可靠性，需要购买昂贵的软硬件系统)，高昂的代价也让用户望而却步。

1.4.3　数据组织方式问题

1. 关系模型描述能力有限

传统的数据仓库技术往往采用关系模型来对数据进行组织，描述的联系仅限于实体型之间(如用户和商品之间的联系)，实体内部的联系如用户实体型中用户间的联系(如同事关系、朋友关系等)却往往被忽略了。然而，实体内部的联系往往蕴含着富有价值的知识，近年热门的社会网络分析、生物网络分析等便说明了这点。此类数据用图结构和关系模型共同来描述比较合适，即属性图

① 目前该理论尚存争议。

更加适合用来描述具备网络结构的数据。

2. 关系模型的扩展性支撑能力有限

传统的数据仓库按照星形模型或者雪花模型来组织数据，并依赖于连接操作来对查询进行处理。此种基于连接的实现方式导致其并不适合大规模机群环境。(1) 如果将事实表和维表按照传统的并行数据库方式，均匀地分布于各个数据节点，那么在查询处理过程中，维表和事实表的连接操作将引起大量的数据迁移，导致性能的降低；而且这种昂贵的即时连接操作要被每个查询重复执行。(2) 如果将维表在每个数据节点复制，事实表水平分割，均匀分布于各个数据节点，虽避免了连接操作时的数据迁移，但维表的复制会带来存储容量的开销及随之而来的 I/O 代价。以 10GB 的维表和 1TB 的事实表为例，10GB 的维表在 100 节点复制后将变为 100×10GB≈1TB，几乎等同于事实表的容量。节点数越多，维表所占空间越大。新的管理对象和新的计算环境，急需数据组织方式的改进。

1.4.4 计算的容错性问题

传统的数据仓库系统通常部署于由高端硬件组成的百级节点或以下规模的机群平台。在此种环境下，查询往往可以在至多几个小时内完成，失败属于稀有事件，其处理失败查询的方式是重做整个查询。而在将并行数据库部署于由上千台中低端硬件搭建而成的不可靠计算环境时，查询失败将变为普通事件，极端情况下，并行数据库可能陷入不停重做查询的局面。因此，大数据上的计算，不仅要考虑性能，还要考虑容错性。

1.5 MapReduce 技术

大数据的处理分析是传统数据管理技术面临的巨大挑战。近年来，工业界受需求驱动，较早地在这方面展开研究，已推出多种大数据处理平台，如 Google 的 MapReduce、微软的 Dryad① 等。相对而言，Google 的 MapReduce 影响较大，其开源实现 Hadoop 已经成为大数据分析的基础平台。

MapReduce 的设计理念与由理论界发起的关系数据库完全不同，从而对传统关系数据库造成了较大冲击。以 Stonebraker 为代表的数据库研究者起初并不认可该技术，认为其是“一个巨大的退步”[23]。然而，理论界的反对，并没有阻止该技术的发展。当前，MapReduce 技术已成为大数据分析的主流平台，也是数据管理领域的研究热点。鉴于本研究基于 MapReduce 进行，在此对其技术原理做简要概述，以初步了解工业界的大数据解决方案，为本研究的后续讨论奠定基础，深入的分析讨论参见 2.3 节。

MapReduce 技术框架主要包含三部分：分布式文件系统、并行编程模型和并行执行引擎。

分布式文件系统（Distributed File System）运行于大规模机群之上，机群可以基于不可靠的机器构建。整个文件系统采用数据块分散存储、元数据集中管理的模式，通过数据的冗余备份（默认冗余度为 3）实现高度容错。数据可以按照任意格式存储，但在处理过程中，都是采用<键，值>对（<Key，Value>）方式进行数据交互。

MapReduce 并行编程模型把计算过程分解为两个主要阶段，即 Map 阶段和 Reduce 阶段。Map 函数从数据文件中解析出<Key，Value>对（实际由 RecordReader 类完成），并产生一系列的中间<Key，Value>串。Reduce 函数以 map 函数的输出为输入，合并所有具有相同 Key 值的键值对，计算最终结果，如图 1-4 所示。

MapReduce 并行执行引擎根据用户对作业的配置（输入文件位置、每个划分大小、并行度等），自动对数据和作业进行分解、调度和并行执行。其调度的任务主要包含两种，map 任务和 reduce 任务，分别对应编程模型中的 map 函数和 reduce 函数。如果在子任

① 微软已于 2012 年停止了 Dryad 的开发，并转向 Hadoop 平台，详见 Microsoft drops Dryad; puts its big-data bets on Hadoop. http://www.zdnet.com/blog/microsoft/microsoft-drops-dryad-puts-its-big-data-bets-on-hadoop/11226.

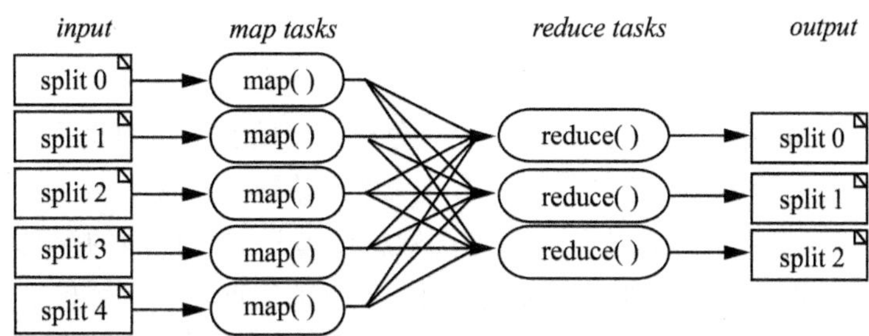

图 1-4 MapReduce 框架并行计算示意图

务执行过程中出现失败，MapReduce 执行引擎会自动在一空闲节点上重启该子任务，所有这些都是对用户透明的。

综上可以看出，MapReduce 通过其分布式文件系统保证了数据的可靠性和数据存储的可扩展性；通过其并行计算模型，向用户提供了强大的二次开发能力；其执行引擎内生地解决了计算的扩展性、容错性等问题，并可自动对任务进行调度并均衡工作负载，大大降低了用户的负担。基于 MapReduce 框架，可以将多个作业串接起来，完成各种复杂的处理分析任务，使得其处理功能可无限扩展。

1.6 研究范围、目标、内容及假设

从 1.3 节的分析可以看出，大数据时代，传统的数据仓库在架构、扩展性、容错性及管理对象等方面面临巨大挑战，已难以适应不断变化增长的大数据的处理分析需求。本研究的目标是设计一个同时具备大规模可扩展性、高容错性、高性能的数据仓库系统，提供强大且高效的大规模关系数据和图数据的多维分析功能。

本研究选择关系数据和图数据作为研究对象是基于如下原因：

(1)关系数据是当前数据管理领域采用的主流数据模型，但在大数据时代，它面临大数据的严峻挑战。如何设计同时具备高性能和高度可扩展性的数据仓库系统是当前数据仓库领域亟须解决的

问题。

(2)属性图越来越多地被应用现实世界中对复杂对象进行建模，已经成为近年的热门研究领域。传统的数据仓库技术往往忽略了节点间的联系，因此研究如何充分挖掘利用实体间的联系来提供基于其上的多维分析功能，具有较大的理论研究意义。

(3)从某种角度来说，属性图数据模型是关系模型的泛化。属性图中节点和边均可以有属性，每类节点的属性对应关系模型中的一张二维关系表，不同类型节点间的联系对应不同二维关系表间的联系。但属性图还描述了同类型节点间的联系，这点关系模型是难以做到的。

研究内容主要包括如下四个部分：

1. 大规模可扩展的高效数据仓库架构研究

如1.2节所述，传统数据仓库架构是基于多种软件的组合构建而成的：利用关系数据库进行数据的存储管理，ETL工具进行数据的迁移，BI工具及统计分析软件进行数据的分析。在“小数据”时代，这种松耦合的架构灵活简单、层次清晰，可以根据不同的需求，从多样化的工具里选取合适的，来实现不同功能的数据仓库系统。但在大数据时代，这种依赖于数据移动的计算模式会导致性能低下。另一个关键问题是，传统数据仓库系统的处理能力及扩展能力等是由其所采用的工具决定的——分析能力取决于所采用的BI工具，扩展能力取决于所基于的并行数据库，使得这些工具的局限性可能影响到数据仓库系统的相应能力。因此，本书的第一个研究内容便是如何设计面向大数据的新型数据仓库架构，使得数据仓库系统不仅具备大规模可扩展特性和高性能特性，同时也具备功能的可扩展特性。

2. 可扩展的高效数据仓库查询处理框架研究

关系数据库和MapReduce平台都依赖于连接来处理数据仓库查询。如1.4.3和1.4.4所述，传统数据仓库的数据组织方式和查询实现算法，难以适应大规模机群上的处理分析；MapReduce平台虽然面向大规模机群而设计，但其基于扫描操作的数据处理风格与基于连接的数据仓库查询处理方式是相悖的，从而导致了性能的低下。因此，传统的依赖于连接的数据仓库查询处理方式是难以适应大数据的处理分析需求的。本部分内容着重研究新的数据组织方式、基于扫描的可扩展的高效数据仓库查询处理模型及其优化问题。新的查询处理框架可同时应用于 MapReduce 平台和关系数据库平台。该部分具体内容包括：

(1)新型星形模型(雪花模型)存储策略研究；

(2)基于扫描的数据仓库查询处理模型研究；

(3)新的查询处理模型优化技术研究；

(4)数据仓库更新问题研究。

3. 高效的存储模型研究

I/O 性能对 MapReduce 上的大数据处理的性能起决定性作用。大数据上的分析需求具备复杂多变而难以预测的特点，任何存储模型都不可能是对所有查询最优的。因此，高效的存储策略应该能根据查询或负载的特点，自动选择最优的存储模型，而不是采用"one-size-fits-all"的方式——用一种存储模型服务所有查询。在本部分内容中将对如下方面进行研究：

(1)多种存储格式共存的存储模型研究；

(2)不同存储格式的代价估计模型研究；

(3)复杂环境代价模型优化研究。

4. 面向大图数据的多维数据立方体并行计算研究

相比于关系型数据，属性图的描述能力更为强大。它不仅能描述实体的属性，还能任意描述实体间的联系。但对其进行分析却是一个巨大的挑战，既要关注属性的聚集，还要关注节点间联系的聚集。在本部分内容中，将在如下方面展开研究：

(1)属性图数据多维模型构建；

(2)属性图多维数据立方体计算；

(3)属性图多维数据立方体计算算法优化。

通过对现有大数据分析方案的比较(详见第3章)，我们选择MapReduce平台作为研究的基础。因此，MapReduce平台自身的一些问题也是我们的重点考虑对象，如MapReduce平台的列存模型实现问题、工作负载的代价估计等。

本研究着重于在大数据背景下，对传统数据仓库技术的改进，因此进行如下假设：数据仍会持续爆炸式地增长，数据处理的方式遵循传统的“一次加载多次读”的模式，数据一旦加载便较少变化，数据均为关系数据和图数据。但这些限定并不意味着本研究只能应用于传统数据仓库领域，部分研究如第3章的执行框架可同时应用于MapReduce平台和关系数据库平台。

1.7 研究技术路线

大数据时代，传统的数据仓库系统面临扩展性和表达能力的双重挑战。为了应对这些挑战，本研究从两条线展开，一方面，面向主流关系型数据，从可扩展的数据仓库系统架构、查询处理模式以及高效的数据存储3个方面进行探索；另一方面，面向关系数据的泛化模型——属性图，着重多维数据模型的研究和高效的并行多维数据的计算。具体的研究技术路线图如图1-5所示。

1.7.1 基于关系数据的大型数据仓库系统研究技术路线

大数据分析是传统数据仓库技术面临的巨大挑战。为了获得高性能可扩展的数据仓库系统，我们深入剖析了当前主流的大数据分析系统所采用的技术路线(见表1-1)，最终采取了融合MapReduce和关系数据库技术的思路：基于MapReduce框架，借助关系数据库技术，设计大规模可扩展的新型数据仓库架构。在此架构下，我们利用关系数据库的技术，分别从执行层和存储层对MapReduce进行了量身定制的优化，使其性能逼近关系数据库。

(1)执行层：对传统的数据仓库查询处理方式进行改造，使其适应MapReduce框架扫描——聚集的处理方式。为了实现此目标，本研究从连接的消除入手，针对数据仓库查询的特点，利用层次编

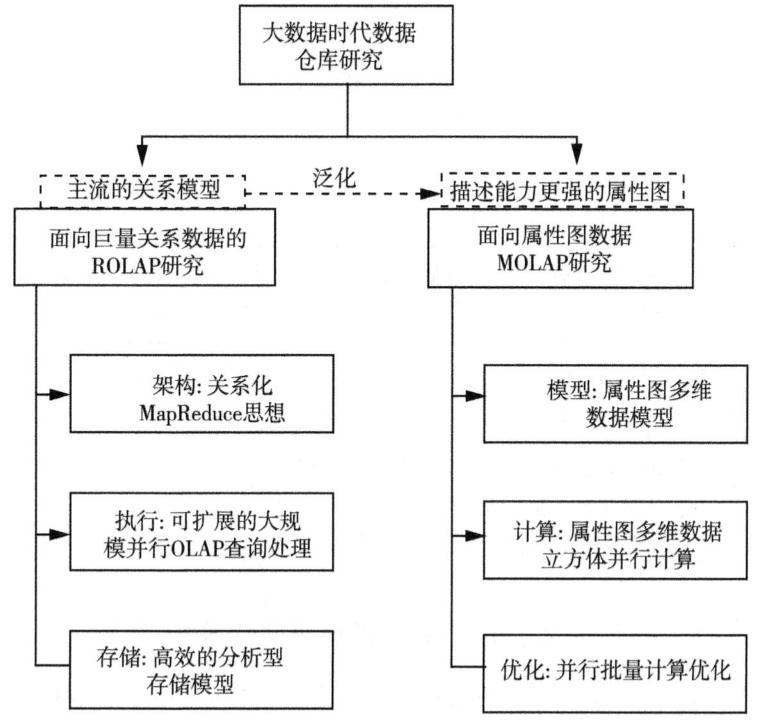

图 1-5　研究技术路线图

码技术，将维表层次等关键信息压缩进事实表，从而使事实表可以独立于维表来处理查询，实现了基于扫描的数据仓库查询处理方式。

(2)存储层：结合 MapReduce 分布式文件系统的特点，为其设计应用感知的存储模型。MapReduce 已成为大数据分析的主流平台，越来越多的应用运行于其上，然而不同的应用或查询适合不同的存储模型，同时存储模型的选择是一个复杂的问题。鉴于此，本研究利用 MapReduce 分布式文件系统的冗余备份机制，设计了多种存储模型共存的智能型数据存储方式，为不同的备份块设计不同的存储模型，从而根据查询的特点、机群的工作负载等，利用代价模型将查询自动路由至合适的存储模型。

表 1-1　　　　大数据分析系统技术路线对比分析

类型	技术路线	代表
移植型	在并行数据库中实现类似 MapReduce 的功能	并行数据库主导型系统
	在 MapReduce 上实现关系数据库的 SQL 接口、索引、连接算法等	MapReduce 主导型系统
集成型	集成两者，使两者各自做各自擅长的工作	并行数据库和 MapReduce 集成型系统
融合型	利用关系数据库技术，为 MapReduce 进行量身定制的优化	LinearDB
	吸取 MapReduce 的思想，改善关系数据库的扩展性或容错性	Osprey①

1.7.2　基于属性图的多维数据分析研究技术路线

属性图上的多维数据分析面临两个难点。一是如何对属性图上的多维数据进行建模。这是属性图上多维分析的第一步。传统的多维数据模型因没有考虑图结构信息，难以直接用于对属性图上的多维数据进行建模。二是如何高效地对多维数据模型进行计算。这个问题在当下尤其棘手，主要有以下原因：(1)数据规模很大。这里的规模既包含图结构的规模，也包括节点/边属性信息的规模；(2)计算复杂度较高。由于其计算不仅涉及节点/边属性，也涉及图结构信息，导致属性图上的多维模型计算本身就比传统的多维数据立方体计算复杂。

基于以上分析，在属性图多维分析方面，本研究采取了“设计模型→计算模型→优化计算”三个步骤。

(1)基于属性图的多维数据模型研究。传统的面向关系数据的

① 其核心思想见 2.2.4 论述。

多维模型由于没有考虑同类型实体间的联系，导致其难以对基于属性图的多维数据模型进行描述。我们首先设计了面向属性图的超图数据立方体模型，以对基于属性图节点、属性图边及同时包含节点和边上的 OLAP 查询提供支撑。

(2)超图数据立方体计算。超图数据立方体的计算代价高昂，既有节点属性维上的立方体计算、边属性维上的立方体计算，还有节点和边连接后的多维立方体计算。对于大型图数据，其代价更具挑战。为了高效地对多维立方体进行计算，我们提出了基于 MapReduce 的超图数据立方体计算算法。

(3)超图数据立方体计算优化。我们又提出优化的立方体计算算法 MRGraph-Cubing 物化算法，以更加高效地对多维属性图数据立方体进行计算。

1.8 贡献

大数据的分析是数据仓库领域面临的一大挑战，也是当前数据管理领域的研究热点和难点。MapReduce 和并行数据库各有千秋，当前研究的主流趋势是两者相互学习，以改进自身。但这种学习往往停留于技术的移植或平台的集成，未涉及核心执行引擎，从而无法从根本上解决问题。

本研究的主要贡献可总结如下：

(1)提出“关系化”MapReduce 的思想。即利用关系数据库的技术和理论，在不影响其扩展性和容错性的前提下，为 MapReduce 平台量身定制地进行优化(非技术的简单移植)，以使其逼近甚至达到关系数据库的性能。依据此思想，利用关系数据库的技术及理论，基于 MapReduce 平台，针对数据仓库应用设计了大规模可扩展的数据仓库架构，并对该架构中的两个关键技术——执行和存储进行了深入研究。

(2)在执行上，设计了适合 MapReduce 平台的新的数据仓库查询处理框架。对传统数据仓库的数据组织方式和查询执行方式进行反思，针对 MapReduce 框架的执行模式，提出了基于扫描的统一的 TAMP 数据仓库查询处理框架，使得 OLAP 查询的处理可同时具备关系数据库的性能和 MapReduce 的扩展性。新的执行框架可以直接运用于 MapReduce 框架下。基于 Hadoop 平台的实验表明，新的数据仓库查询处理框架可以使 Hadoop 的性能提升一个数量级，超过混合式数据库 HadoopDB。

(3)在存储上，提出了智能型存储的思想。即利用 MapReduce 分布式文件系统的冗余备份机制，为不同的备份块设计不同的存储模型。依据此思想，基于纯列式存储和 PAX 存储，我们为 MapReduce 分布式文件系统设计了 HC 混合式(Hybrid column-store)存储模型，并根据两种存储格式的访问特点，进行了代价估计模型的建立。实验表明，在查询处理时，HC 存储可以根据任务的特点，为其选择合适的存储格式，以便高效地进行数据的访问，从而获得最佳的性能。

(4)在数据模型上，针对表达能力更强的图数据，提出了基于图数据的超图数据立方体(Hyper Cube Model)多维数据模型，该模型支持图数据在不同粒度和层级的聚集，并提供了灵活的上卷下钻操作。基于 MapReduce 框架，设计了并行多维数据立方体计算算法——MRGraph-Cubing 算法，并设计了一系列优化技术如自包含连接、批量数据方体、基于代价模型的批量计算等，使得整个多维数据立方体的计算可以利用仅两个 MapReduce 任务便可完成。基于真实数据和模拟数据的实验验证了模型的有效性、算法的高效性。

1.9　本书结构

本书共分 6 章，其中第 1 章为绪论，第 2 章为本研究的总纲①，第 3 章和第 4 章讨论在面向大数据的关系型数据仓库方面的

① 为讨论方便，第 2 章主要以关系数据为主进行讨论。但其结果可以很容易扩展至属性图数据，最终的新型数据仓库框架图也涵盖了属性图上数据仓库架构。

研究工作，第 5 章介绍面向属性图的新型 MOLAP 研究成果，第 6 章为结论与展望。每章内容的详细安排如下：

第 1 章主要论述研究的背景及传统的数据仓库系统在新的需求下面临的问题和挑战，并对本书的研究范围、目标内容及前提假设进行说明。

第 2 章对主流的大数据分析解决方案进行了对比总结，并对提出的面向大数据分析的数据仓库架构进行讨论。

第 3 章介绍面向关系数据的高度可扩展且高效 TAMP 通用执行框架，主要包括层次编码技术、TAMP 执行框架的关键步骤、查询转换规则和优化技术等方面。

第 4 章展示我们在存储层进行的优化工作。主要讨论了 HC 混合存储的设计思想及实现原理、代价估计模型的建立等。

第 5 章讨论面向属性图的新型数据仓库技术。主要讨论面向属性图的超图数据立方体模型、基于 MapReduce 的超图数据立方体模型的计算算法及优化技术等。

第 6 章总结全文并展望未来的研究方向。

第2章 大规模可扩展的数据仓库架构

面对大数据的挑战，工业界、理论界近年进行了大量研究，MapReduce 和并行数据库两大阵营相互学习，各种架构的大数据分析解决方案被提出并得以应用。但深入分析这些架构后发现，当前的所谓相互学习，基本都遵循如下思路："拿来主义"，即学习对方的优点，并移植或者集成到自己的系统中。由于未涉及执行核心，其扩展性或者性能问题并未得到根本性解决。

通过对当前主流大数据分析平台架构的对比分析，我们基于如下思路设计了新的大规模可扩展的数据仓库架构：

(1)基于 MapReduce 平台来保证扩展性。MapReduce 平台已经成为大数据分析的主流平台，扩展性、容错性已得到反复验证，其开源实现 Hadoop 发展迅速且成熟稳定；

(2)利用关系数据库的技术与理论来实现高性能。在执行层基于 MapReduce 现有执行框架，为其量身定制新的数据仓库查询处理方式，以适应其扫描——聚集式的执行模型；在存储层充分利用 MapReduce 自身的存储特点和应用特点，设计特有的存储模型。

本章是本书的总纲，着重讨论了数据仓库架构设计的思想及各部分的作用。首先基于绪论提出的问题，列举大数据分析平台需具备的几个特性，再基于这些特性，对当前主流的大数据分析方案进行分析，对比各自的优缺点。在此基础上，提出基于 MapReduce 的高效数据仓库架构，并对该架构的关键优化技术进行讨论。

值得强调的是，出于讨论的方便，本章的讨论以关系数据为主，但并不意味着研究的框架只适用于关系型数据而不适用于属性图数据。

2.1 新型数据仓库系统期望特性

如第 1 章所述，传统数据仓库的四大推动力在过去的 30 年间发生了较大变化，导致传统的数据仓库已难以满足新的需求。本节基于第 1 章的讨论，列出面向大数据的新型数据仓库系统需具备的几个重要特性(见表 2-1)。

表 2-1　**大数据分析平台需具备特性**

特性	简要说明
高度可扩展	横向大规模可扩展，大规模并行处理
高性能	快速响应复杂查询与分析
高度容错性	查询失败时，只需重做部分工作
支持异构环境	较强的硬件平台适应能力
较低的分析延迟	业务需求变化时，能快速反应
易用且开放接口	接口简单，功能强大
自调优	能根据应用特点，自动调优
较低成本	较高的性价比
兼容性	支持传统的商务智能工具

1. 高度可扩展性

显而易见，数据库不能依靠一台或少数几台机器的升级(scale-up 纵向扩展)来解决数据量的爆炸式增长问题，而是希望能方便地做到横向可扩展(scale-out)来实现此目标。

普遍认为 shared-nothing 无共享结构(每个节点拥有私有内存和磁盘，并且通过高速网络同其他节点互连)，具备较好的扩展性[24]。分析型操作往往涉及大规模的并行扫描、多维聚集以及星形连接操作，这些操作也比较适合在无共享结构的网络环境下运行。Teradata 即采用此结构，Oracle 在其新产品 Exadata 中也采用了此结构。

2. 高性能

数据量的增长，并没有降低对数据库性能的要求，反而有所提高。软件系统性能的提升可以降低企业对硬件的投入成本，节省计算资源，提高系统吞吐量。所以巨量数据的查询效率优化，并行是必由之路。1PB 数据在 50MB/秒速度下串行扫描一次，需要 230 天；而在 6000 块磁盘上，并行扫描只需要 1 个小时。

3. 高度容错

大数据的容错性要求在查询执行过程中，一个参与节点失效时，不需要重做整个查询。而机群节点数的增加会带来节点失效概率的增加。在大规模机群环境下，节点的失效将不再是稀有事件（Google 报告，平均每个 MapReduce 数据处理作业就有 1.2 个工作节点失效[13]）。因此在大规模机群环境下，系统不能依赖于硬件来保证容错性，要更多地考虑用软件容错。

4. 支持异构环境

由于计算机硬件更新较快，建设同构系统的大规模机群存在较大难度，原因在于一次性购置大量同构的计算机是不可取的，而且也会在未来添置异构计算资源。此外，不少企业已经积累了一些闲置的计算机资源，在这种情况下，对异构环境的支持可以有效地利用这些闲置计算资源，降低硬件成本投入。另外，在异构环境下，不同节点的性能是不一样的，可能出现“木桶效应”，即最慢节点的性能决定整体处理性能。因此，异构的机群需要特别关注负载均衡、任务调度等方面的设计。

5. 较低的分析延迟

分析延迟是指的是分析前的数据准备时间。在大数据时代，分析所处的业务环境是变化莫测的，因此也要求系统能动态地适应业务分析需求。在分析需求发生变化时，减少数据的准备时间，期望系统能尽可能快地做出反应，迅速地进行数据分析。

6. 易用开放的接口

SQL 的优点是简单易用，主要用于数据的检索查询，对于大数据上的深度分析来讲，是不够的。原因在于：(1)提供的服务方式依赖于数据移动来实现：将数据从数据库中取出，然后传递给应用程序，该实现方式在大数据时代代价过高；(2)复杂的分析功能，如 R 或 Matlab 中的分析功能，SQL 是难以胜任的。因此，除了对 SQL 的支持外，系统还应能提供开放的接口，让用户自己开发需要的功能，如各种统计分析功能等。设计该接口时，除了关注其易用性和开放性，还需要特别关注两点隐藏的要求：(1)基于接口开发的用户自定义函数，能自动在机群上并行执行；(2)分析在数据库内进行，即分析尽可能靠近数据。

7. 自调优

同传统数据仓库相比，新型数据仓库面临的计算环境更为复杂、待处理的查询更为多样，工作负载更加难以预测。因此，仍采用传统的依赖于少数专业人员(如 DBA)来进行系统调优的方式是不可行的。新型数据仓库系统应尽可能地感知应用、环境的特点，进行自我调优及管理。

8. 较低的成本

在满足需求的前提下，某技术成本越低，其生命力就越强。需要指出的是，成本是一个综合指标，不仅是硬件或软件的代价，还应包括日常运行维护成本(网络费用、电费、建筑等)和管理人员成本等。据报告显示，数据中心的主要成本不是硬件的购置成本，而是日常运维成本。因此，在设计系统时需要更多地关注这些。

9. 兼容性

数据仓库发展的 30 年来，产生了大量面向客户业务的数据处理工具(如 Informactica、DataStage 等)、分析软件(如 SPSS、R、Matlab 等)和前端分析工具(如水晶报表)等。这些软件是一笔宝贵的财富，已被分析人员所熟悉，是大数据时代中小规模数据分析的必要补充。因此，新的数据仓库需考虑同传统商务智能工具的兼容性。由于这些系统往往提供标准驱动程序，如 ODBC、JDBC 等，这项需求的实际是对 SQL 的支持。

2.2 相关工作

并行数据库具备较高的性能，但扩展性有限；MapReduce 虽高度可扩展，但性能却低于并行数据库，单独基于任何一方实现的数据仓库解决方案都不是大数据分析的理想选择。针对两者哪个更适合大数据分析需求的问题，业界近年展开了激烈争论。当前基本达成的共识如下：MapReduce 和并行数据库是互补关系，两者应该相互学习[25,26]。基于此观点，大量研究开始将两者结合起来，期望设计出同时具备两者优点的大数据分析平台。这种架构又可以分为三种类型：并行数据库主导型、MapReduce 主导型、并行数据库和 MapReduce 集成型。表 2-2 对这三种架构进行了对比分析。

表 2-2　**大数据分析解决方案对比分析**

<table>
<tr><th>解决方案</th><th>着眼点</th><th>代表系统</th><th>缺陷</th></tr>
<tr><td>并行数据库主导型</td><td>利用 MapReduce 技术来实现其处理能力的可扩展</td><td>Greenplum
Aster Data</td><td>规模扩展性、容错性等根本问题未改变</td></tr>
<tr><td>MapReduce 主导型</td><td>学习关系数据库技术，改善其易用性，提升其性能</td><td>Hive
Pig Latin</td><td>性能问题未改变</td></tr>
<tr><td rowspan="3">MapReduce 和并行数据库集成型</td><td rowspan="3">集成两者，使两者各自做各自擅长的工作</td><td>HadoopDB</td><td>并非所有查询可以下推至数据库层执行，各自的某些优点在集成后也丧失了</td></tr>
<tr><td>Vertica</td><td>性能和扩展性仍不能同时兼得</td></tr>
<tr><td>Teradata</td><td>规模扩展性未变</td></tr>
</table>

2.2.1 并行数据库主导型

这种方式立足于并行数据库，着重于研究如何利用 MapReduce 技术来增强并行数据库的数据处理能力，其代表性系统是 Aster Data(已被 Teradata 收购)和 Greenplum(现属 EMC 公司产品)。

Aster Data 将 MapReduce 和 SQL 进行结合，针对大数据分析提出了 SQL/MapReduce 框架[21]。该框架允许用户使用 Python、C++ 和 Java 等语言编写 MapReduce 函数，其编写的函数可以作为一个子查询在 SQL 中使用，从而同时获得了 MapReduce 的开放性和 SQL 的易用性。不仅如此，Aster Data 还基于 MapReduce 实现了 30 多个统计分析软件包，将数据分析压入数据库层执行(In-Database Analysis)，由于避免了昂贵的数据迁移，大大提升了数据分析性能。

类似地，Greenplum 并行数据库也引入了 MapReduce 处理功能[27]。其执行引擎可以同时处理 MapReduce 作业和 SQL 查询。这种方式从代码级整合了 MapReduce 和 SQL：MapReduce 作业也可以使用 SQL 的查询结果作为输入，同时 SQL 可以直接使用 MapReduce 作业的输出。

总之，Aster Data 和 Greenplum 等类似系统基本都集中于利用 MapReduce 技术来增强其处理功能，由于未涉及根本性问题，其容错能力和扩展能力没有得到改善。

2.2.2 MapReduce 主导型

该方向的研究主要集中在如何利用关系数据库技术(如 SQL 接口、模式等)来改善 MapReduce 的易用性和性能，代表系统是 Pig Latin[28]、Hive[29]等。

Hive 是 Facebook 公司提出的基于 Hadoop 的大型数据仓库系统，其目标是通过简化 Hadoop 上的数据聚集、ad-hoc 查询及大数据集分析等操作来减轻程序员的负担。它借鉴关系数据库的 SQL

接口、模式管理等技术，把结构化的数据文件映射为关系表，提供 HiveQL(类似 SQL 的描述性语言)语言供程序员使用，可自动将 HiveQL 查询语句解析成优化的 MapReduce 作业序列。此外，它也支持用户通过 MapReduce 函数对数据进行操作。

Pig Latin 是雅虎公司提出的类似于 Hive 的大数据处理平台，两者的区别主要在于表达处理的接口不同。Hive 借助于类似 SQL 的接口对数据进行处理，Pig Latin 提供的是一种基于操作符的数据流式的接口，其查询不是一个语句，而是一个类似查询执行计划的操作树。图 2-1 是 Pig Latin 在表达一个查询时的操作实例。该查询期望找出“年龄在 18～25 周岁的用户(Users)最频繁访问的 5 个页面(Pages)”。从图 2-1 可以看出，Pig 提供的操作接口类似于关系数据库的操作符(对应图中右侧部分的命令)，用户查询的脚本类似于逻辑查询计划(对应图中左侧树)。因此，简单来说，Pig Latin 利用操作符来对 Hadoop 进行封装，Hive 利用 SQL 对其进行封装。

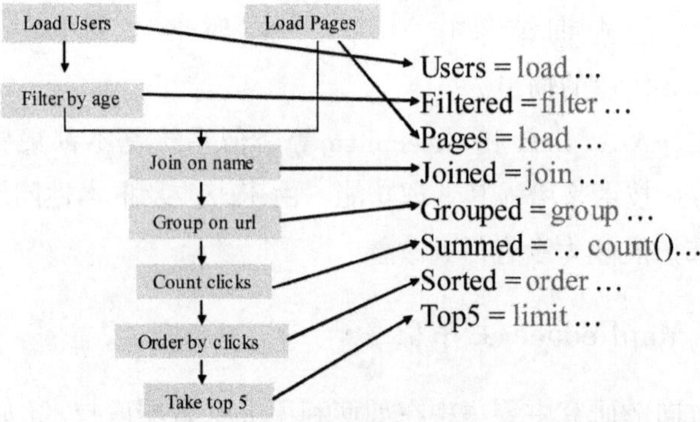

图 2-1　Pig Latin 的一个查询示例(右边为查询脚本)①

① 图摘自 Yahoo! Alan F. Gates 的报告“Pig, Making Hadoop Easy”, https://cwiki.apache.org/PIG/pigtalkspapers/HadoopDayAug2010.ppt.

2.2.3 MapReduce和并行数据库集成型

该方向的代表性研究是耶鲁大学Abadi等人提出的HadoopDB[30]（已商业化为Hadapt[31]）、NCR公司的Teradata数据库和Stonebraker等人设计的Vertica数据库。

HadoopDB的核心思想是借助Hadoop框架来获得较好的容错性和对异构环境的支持；通过将查询尽可能推入数据库中执行来获得关系数据库的性能优势。为达到此目标，HadoopDB利用Hadoop作为调度层和网络沟通层，关系数据库作为执行引擎，在解析查询时，尽可能地将操作压入数据库层执行。HadoopDB的思想是深远的，但目前尚无应用，原因在于：（1）数据预处理代价高。数据在使用前，需要进行两次分解操作和一次数据库加载操作。（2）并非所有查询都能推向数据库层执行。实际上，大多数情况下，查询仍由Hive完成。因为数据仓库查询往往涉及多表连接，由于连接的复杂性，HadoopDB难以做到，在保证连接数据局部性的前提下，将参与连接的多张表的数据按照某种模式划分。（3）维护代价过高。不仅要维护Hadoop系统，还要维护每个节点上的数据库系统。（4）目前尚不支持数据的动态划分，需要通过手工方式一次性将数据划分好。总的来说，HadoopDB在某些情况下，可以同时达到MapReduce的扩展性、容错性和关系数据库的高性能特性；同时也丧失了MapReduce和关系数据库的某些优点，如MapReduce较低的维护代价和预处理代价、关系数据库的动态数据重分布功能等。

Vertica采用的是共存策略：依照Vertica和Hadoop各自的处理优势，对数据处理任务进行类型划分。比如Vertica负责结构化数据的处理，Hadoop负责非结构化数据的处理；Vertica负责高性能的交互式查询，Hadoop负责耗时的批量复杂处理等，进而将两者结合起来。Vertica实际采用的是两条腿走路的策略，同时支持MapReduce作业直接访问Vertica数据库中的数据。由于结构化数据仍在Vertica中处理，在处理结构化数据上的查询分析时，它仍面临扩展性问题；如果将结构化数据上的查询推向Hadoop进行，将又面临性能问题。因此，Hadoop的性能问题和Vertica的扩展性问题在该系统中共存。

与前两者相比，Teradata 的集成方案相对简单。Teradata 采用了存储层整合的策略：MapReduce 作业可以访问 Teradata 数据库中数据，Teradata 数据库执行引擎也可以从 Hadoop 分布式文件系统上读取数据。同样，两者各自的根本性问题都未解决①。

2.2.4　最新研究

在大数据面前，并行数据库面临容错性和扩展性的挑战；MapReduce 也面临性能问题，特别是连接操作的性能；混合式架构也并非完美，面临如何把工作尽可能多地推向合适的执行引擎(MapReduce 或并行数据库)的关键性优化问题②。下面对近年来各个方向在这些问题上的研究进行归纳分析。

1. 并行数据库扩展性和容错性研究

Abdallah Salama 等人巧妙提出了基于代价估计的容错机制[32]。该机制可以有选择地选取部分中间操作符的执行结果进行物化，以在因物化付出的额外代价和不物化付出的重做代价之间找到一个较好的平衡点，从而有效缩短查询的整体执行时间。

美国华盛顿大学提出了具备容错能力的优化器[20]。该优化器可以根据并行执行计划、查询失败的期望值、各个操作符的容错策略等，生成一个具备容错能力的并行执行计划。在该执行计划中，每个操作符都可以单独采取不同的容错策略，在执行失败时仅重新执行其失败的子操作符(即子任务——在某节点上运行的操作符)的任务来避免整个查询的重新执行。以上两个研究主要关注于查询的容错性，其算法对并行数据库的扩展性关注较少。

---

① Teradata 于 2011 年收购 Aster Data，迅速获得 RDBMS 和 MapReduce 的集成技术。

② 混合式架构的问题既包含扩展性问题也包含性能问题(“木桶原理”)，这两项分别取决于 MapReduce 和并行数据库，其改进取决于这两种系统的改进。

MIT 于 2010 年设计的 Osprey[33] 采取用空间换取容错能力的方式，来提高数据仓库查询处理的容错能力。其核心思想是将维表在各个节点全复制、事实表横向划分并冗余备份，从而将一数据仓库查询划分为众多独立子查询；每个失败的子查询都可以在其备份节点上重新执行，而不用重做整个查询。这种方式的缺点是，在大规模机群环境下，维表复制空间代价过高，其所占空间可能超过事实表空间。

有关扩展性方面的研究较少，中国人民大学 LinearDB 原型系统属于这方面的研究，详细参见第 3 章。

2. MapReduce 性能优化研究

MapReduce 的性能优化研究近年仍集中于对关系数据库先进技术和特性的移植上。

俄亥俄州立大学和 Facebook 公司合作，将关系数据库的 PAX 混合式存储模型应用于 Hadoop 平台，提出了 RCFile 存储格式[34]。与之不同，文献[35]将列存储技术引入 Hadoop 平台。同 RCFile 的研究相比，文献[35]提出的方案，虽然在大多数情况下性能优于 RCFile，但当前尚无工业应用，主要原因是其打破了 Hadoop 原有的存储机制，影响了 Hadoop 的容错性和扩展性。Hadoop++ [36] 系统运用传统数据库的索引技术，通过两表数据并置(Co-Partition)的方式来提升单表检索性能和两表的连接性能。[37]、[38] MapReduce 各个操作符间实现了类似关系数据库的流水线操作方式，有效缩短了任务执行时间；在线聚集(online aggregation)的操作模式使得用户可以在查询执行过程中较早看到部分结果。两者的不同之处在于，前者基于排序-合并方式来实现流水线，实际将排序等操作推向了 reducer，将会导致 reducer 任务成为瓶颈；而后者基于 hash 方式对数据进行分布，从而能实现更好的并行流水线方式。文献[39]提出了 MRShare 架构，对查询进行批量转换，将可共享扫描、Map 输出结果等的一组任务合并为一个，以提升性能。新加坡国立大学对影响 Hadoop 性能的因素进行了分析[40]，并提出了五项有效的优化技术，使得 Hadoop 的性能逼近关系数据库的性能。CoHadoo 设计了相关数据文件的并置实现策略[26]，可以保证相关的文件的数据块位于同一集合的数据节点上，从而使经常一起操作的文件保持较好的数据局部性。

MapReduce 上的连接优化是近年的研究热点。文献[41]针对 MapReduce 平台上执行连接时的数据倾斜问题，提出了自适应的 SharesSkew 算法。该算法可以发现多路连接中存在数据倾斜的连接值并为其分配合适的 reducer，以最小化网络传输代价。文献[42]对 MapReduce 平台的两表连接算法做了总结，提出了 Reduce 端连接、Map 端连接及广播式连接等算法。文献[43]对 MapReduce 框架进行了扩展，在 Reduce 阶段后新增了 Merge 操作来完成连接操作，其 Map-Reduce-Merge 框架可以同时处理两个异构数据源数据。对于多表连接，当前主流的研究集中于将所有的连接操作在一个 MapReduce 作业中完成。文献[44]、[45]提出了一对多复制的方法，在 Map 阶段结束后，元组会被同时传送到多个 reducer，并在 reducer 端完成连接。这种方式的一个问题是，随着连接数的增加，需要复制的元组将指数级增加，从而会引入较高的网络传输代价。Llama 为每一对连接属性(主外键关联)创建一物化的列组(Vertical Group)，然后基于这些列组并结合 MapReduce 的并发特性，设计了并发连接算法(concurrent join)[46]。不同于以上等值连接优化，文献[47]提出了针对任意连接条件(包括等值和不等值连接)的连接优化模型。

从 MapReduce 近来的最新研究可以看出，相比于关系数据库扩展性的研究，MapReduce 的性能优化得到的关注更多。

3. HadoopDB 的改进

HadoopDB 在其商业化的产品 Hadapt 中提出了两种连接优化技术和两种聚集优化技术[48]。

两种连接优化的目标都是尽可能地将数据的处理推入数据库层执行。第一种优化方式是根据表之间的关联关系，通过数据预分解，使参与连接的数据尽可能地都分布在同一数据库内(参照分解法)，从而实现将连接操作的数据库层执行。该算法的缺点是应用范围有限，只适用于链式(chain)连接。第二种连接方式是针对广播式连接而提出的优化算法。在执行连接前，先在数据库内为查询涉及的维表建立一张临时表，以实现事实表数据和维表数据的并置，从而将连接操作推向数据库执行。该算法的缺点是会引入额外的维表网络访问操作和每个数据库节点的磁盘 I/O 操作。

两种聚集优化技术是连接前聚集和连接后聚集。连接前聚集，顾名思义，先执行聚集，后执行连接。其实现方式是，将事实表数据先在数据库层执行一次聚集操作(输出所有可能的 Group-by 组合)，然后基于聚集后的数据执行连接操作，连接过程中将不符合条件的聚集数据去除。该方式适用的场景是参与连接和聚集的列的基数相乘后小于关系表记录数。连接后聚集是执行完 Reduce 端连接后，直接对符合条件的记录执行聚集操作。

总的来看，HadoopDB 的性能关键在于下推优化，即如何能尽可能地将查询(甚至查询中的部分操作)下推至数据库层执行，其优化的空间局限性较强，尤其是复杂的连接操作(如环形连接等)。

2.3 大规模可扩展的新型数据仓库架构

MapReduce 技术是近年数据库界的研究热点之一，但当我们回顾其发展历程的时候，会发现其发展过程是相当曲折的。表 23 对比了整个 MapReduce 发展过程中工业界和理论界的态度变化情况。从表格中可以发现：(1)在对 MapReduce 的态度上，工业界始终比理论界领先，工业界的研究更有前瞻性；(2)MapReduce 已经成为工业界和理论界公认的大数据分析的有效技术平台。顺应该趋势，本研究的数据仓库架构基于 MapReduce 平台进行(同时可用于第一代和第二代 MapReduce 平台[31])。

结合 2.2 节的对比分析发现，当前的相互学习，要么采用“以我为主，对方为辅”的方式，要么采用“合作”的方式，各自的执行引擎都未改变，其遵循的方式都是“拿来主义”。基于以上分析，本研究的架构设计采取了融合的思路：“关系化”MapReduce，即利用关系数据库技术，结合 MapReduce 的自身特点，进行量身定制的优化，以达到在不影响其现有执行框架的前提下，达到或者接近关系数据库的性能。基于此思路，我们对传统数据仓库查询的处理模式进行了反思，一方面，结合 MapReduce 的执行方式，提出了基于扫描的数据仓库查询处理模式，使得一个星形查询可以在一个 MapReduce 作业中用基于扫描的方式完成；另一方面，结合 MapReduce 的冗余机制，利用关系数据库的存储技术，为 MapReduce 设计了智能型存储模型，使得 MapReduce 任务可以根据查询的特点来动态地选择存储模型，以达到较优的访问性能。

本节首先对 MapReduce 技术进行深入分析，然后在这些分析的基础上，提出新型数据仓库架构。

表 2-3　　**工业界、理论界 MapReduce 态度对比**

时间	工业界	理论界①
2004	MapReduce 诞生②	无关注
2006—2008	开源 MapReduce Hadoop 成长起来	无关注
2008	商业数据库学习 MapReduce，如 Greenplum、Aster Data	批评
2009—2010	MapReduce 学习数据库，基于 MapReduce 的应用发展起来，如 Hive、Hbase；MapReduce 在商业数据库的应用更加广泛	学习 MapReduce 优化 MapReduce
2011 至今	优化、改造 MapReduce 第二代 MapReduce 诞生	学习 MapReduce 优化 MapReduce

2. 3. 1　MapReduce 技术分析

下面以 MapReduce 的开源实现 Hadoop 为例[49]，依据大数据分析平台的期望特性对其进行讨论分析，从而为新型数据仓库架构设

① 本表格中工业界、理论界仅限于数据库领域。

② 以 Google 的 MapReduce 论文为时间标志。

计提供基础。

MapReduce 主要是面向由数千台中低端计算节点组成的大规模机群而设计的，其扩展能力得益于其 shared-nothing 结构、较强的软件容错能力和各个节点间的松耦合性：可以从机群中任意地移除节点，而几乎不会对现有任务的执行产生影响。该技术被称为 RAIN (Redundant/Reliable Array of Independent (and Inexpensive) Nodes)。MapReduce 卓越的扩展能力已被工业界(如 Google、Taobao、Facebook、Baidu 等)充分验证。MapReduce 的运行对硬件的要求不高，可以基于异构的廉价硬件搭建，而且免费开源，因此其构建成本低于传统的并行数据库。其缺点是，当前基于 MapReduce 的应用软件较少，许多数据分析功能需要用户自己开发，从而会导致使用成本较高。

MapReduce 具有完全的开放性：对源文件的存储格式无要求，用户可以按照任意格式存储；其<key, value>存储格式具有较强的表现力，可以表示任意数据；map 和 reduce 两个函数接口也给用户提供了足够的发挥空间，用户可以用这两个函数实现各种数据处理功能。但是，这种开放性也带来另一个问题：原本由数据库管理系统负责的任务，诸如文件存储格式的设计(数据内模式管理)、模式信息的记录(模式的管理)、数据处理算法的实现(如连接算法)等，转嫁给了程序员，从而导致程序员负担过重。程序员的水平对系统处理能力和处理性能起决定性作用。在某些情况下，程序员写 MapReduce 程序的时间会远大于写 SQL 语句的时间，部分复杂的数据处理任务，可能仅仅编写和调试程序就需要耗费几天的时间。

基于 MapReduce 平台的分析可以直接基于平面文件进行，无需经过复杂的数据预处理和导入数据库的过程，并且其采用移动计算而非移动数据的计算模式，因此可以将分析延迟最小化。

在同等硬件条件下，并行数据库性能高于 MapReduce[50]，这是由各自最初的设计定位决定的。MapReduce 的最初设计是面向非结构化数据的处理而不是结构化数据处理。非结构化数据具有数据量大、处理复杂等特点，而且往往是一次性处理。为了获得较好的容错能力和扩展性，MapReduce 采取了依赖于扫描的简单处理模式和步步物化中间结果的策略，从而导致引入了较高的 I/O 代价。为了降低数据预处理代价，MapReduce 没有使用索引、模式、物化视图等技术手段。其数据预处理仅包含一次数据加载操作，这引入了一个问题——较高的元组解析代价[40]。在 MapReduce 框架下，每个查询都是直接从文件系统中读入原始数据，而非传统的从数据库中读入已经优化处理过的数据，因此其元组解析代价远高于传统关系数据库。在数据分析领域，连接是常用操作(如传统的星形查询和雪花查询都是依赖于连接来处理的)，但 MapReduce 处理连接的性能更是低于关系数据库。归根结底在于 MapReduce 最初是针对单数据集设计的，但是连接操作往往需处理多个数据集。在利用 MapReduce 实现连接操作时，最直接的方式是用一个 MapReduce 作业完成一对属性上的连接操作，然后将多个 MapReduce 作业通过物化的中间结果串接起来。这种操作方式往往涉及大量中间结果的读写，从而导致较高的 I/O 和网络传输代价。

目前，MapReduce 基本不兼容现有的 BI 工具，原因在于其最初目的并不是要成为数据库系统，因此并未提供 SQL 接口。但已有研究致力于 SQL 语句与 MapReduce 任务的接口工作(例如 Hive)，进而有可能实现两者的兼容。

总之，MapReduce 技术具备大规模可扩展能力、较强的容错能力、较强的功能扩展性、较短的分析延迟和较强的异构环境适应能力，但其性能和对应用的感知能力有待改进。这些是我们重点研究的内容，在下一节将讨论如何改进 MapReduce 这两项劣势。

2.3.2　大规模可扩展的数据仓库架构

基于 MapReduce 的数据仓库架构如图 2-2 所示，整个架构分为三个层次：数据预处理层、数据存储层(智能型 HDFS)和数据访问层。所有层次都在同一个 MapReduce 平台完成。

1. 数据预处理层

在数据仓库中，数据的预处理操作负责从各个数据源中收集数据，然后根据用户的业务规则和要求进行数据的转换、清洗。在整个数据仓库项目中，ETL 规则设计和实施是工作量最大的，约占整个项目的 60%~80%，这是国内外研究者从众多实践中得到的普遍共识①。随着数据量的持续爆炸式增长，传统的 ETL 工具同时面临巨量数据和高性能的双重挑战：一方面每天需处理的数据量越来越大，另一方面用户对数据预处理的性能要求也越来越高。解决此类问题的关键是如何对数据进行并行处理，并在数据量增大时，能较好地扩展。然而，在一个复杂的分布式环境中进行 ETL 过程的开发，将比传统的 ETL 开发更加耗时耗力，且更易出错。

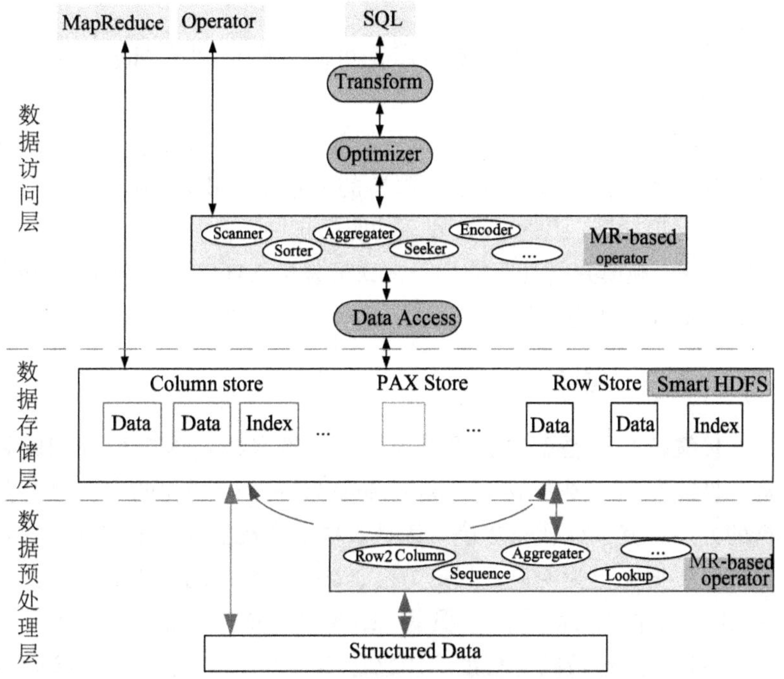

图 2-2　大规模可扩展的 LinearDB 数据仓库架构

MapReduce 平台提供了简单灵活的编程方式、透明的容错能力

① 摘自百度百科：http：//baike.baidu.com/view/69207.html？fromTaglist.

和扩展能力、自动的负载均衡和任务调度能力，因此，利用 MapReduce 平台进行 ETL 程序的开发可以大大降低程序员的负担。但由于此类开发是由程序员手工编码完成，从而会导致较低的生产率。为了进一步提高开发的速度，数据预处理层利用 MapReduce 的函数设计了各种标准化的数据操作控件，如行列转换控件、排序控件、聚集控件、编码控件等，这些控件一方面可以减轻程序员的开发工作量，另一方面可以提供标准化的高效的 ETL 实现，保证程序的可移植性和高效性。2.4 节举例说明该工作针对星形模型数据的加载提供的一个并行加载控件的算法实现，更多的算法尚在研究中。

总的来说，该层的重要特点是可以很好地利用 MapReduce 平台的如下优势：

(1)接口的简单开放性。开放性使得 MapReduce 平台可以处理各种数据类型，并可以基于其简单的 map 和 reduce 函数开发出各种新的处理功能，以实现其处理功能的扩展性。

(2)大规模并行处理能力。二次开发的 ETL 控件，可以自动在 MapReduce 框架内并行执行。

2. 数据存储层

传统的基于磁盘的数据库系统利用流水线技术进行查询的处理，性能瓶颈主要在 I/O；MapReduce 基于步步物化的方式进行数据的处理，其 I/O 代价更高。因此，I/O 对 MapReduce 的性能影响比磁盘数据库更为明显。另一方面，MapReduce 已成为数据密集型应用的流行处理平台，根据 2008 年 DMBS2 的统计[16]，在 MapReduce 上运行的分析型应用已达 200 多种。当前的 MapReduce 平台采用“one-size-fits-all”的策略：程序员根据应用的特点，选择一种存储模型，并用该存储模型服务所有查询。然而，不同的查询具备不同的数据访问模式，适合不同的存储模型。在一活跃的业务系统中，数据在持续增长，业务也是动态变化的，因此，由程序员提前选择好存储模型是不现实的。MapReduce 如果能感知应用的特点，动态地选择合适的存储模型，将会变得更为高效智能。

数据存储层的设计即是遵循这样的思想展开的。其核心思想是：利用 MapReduce 分布式文件系统的备份机制（同一个数据块往往备份多次）来设计智能型存储：同一数据块的不同备份采用不同的数据存储模型（如第一个备份块按列存储，第二个备份块按行存储等），并通过一个代价模型来为一个 MapReduce 任务选择最优的访问路径。该部分的详细讨论参见第 4 章。数据存储层的"智能化"体现在如下三个方面：

（1）能根据不同存储格式的数据访问代价，结合 MapReduce 任务的特点，选择一访问代价最低的存储模型。

（2）能根据不同存储模型上的工作负载情况，选择较优的存储格式。某些情况下，如果较多的查询被路由到了某一种存储格式的数据上，会导致存储该格式的数据的数据节点负载过重，这时将新来的查询调度到其另一种存储格式也许是更高效的。

（3）出现数据失败（当前数据块无法访问）或子任务失败（通常由子任务所在节点失效导致）时，能结合数据在机群上的分布状况，如数据块位于本地、rack 内还是 rack 外等，自动为异常子任务重新选择一个较优的访问路径。

3. 数据访问层

MapReduce 平台基于扫描来处理数据，而数据仓库查询往往需要基于连接操作来完成查询。因此从执行的特点来看，MapReduce 并不擅长数据仓库查询的处理。为了使 MapReduce 能高效地处理连接操作，近年大量研究在此领域展开，较有代表性的研究文献是[44]、[45]、[46]等。总的来说，这些研究都关注于传统连接算法在 MapReduce 平台的高效实现。

为了设计高效的数据仓库查询处理方式，本研究对当前的关系数据库和 MapReduce 的执行模型进行了深入分析，提出了完全不同于两者的新的数据仓库查询处理模型。当前 MapReduce 平台上的连接优化研究基本都关注于连接的实现，本研究从另一个角度——连接的转换出发，将数据仓库查询的连接操作部分提前至数据预处理阶段，部分推迟至后续处理阶段，从而可以实现数据仓库查询转换为统一的基于事实表扫描的执行计划。我们利用层次编码技术，在数据预处理过程中，将维表信息层次等关键信息压缩进事实表，使得事实表可以独立处理查询。基于该执行计划，每个 map 任务对本地的事实表数据进行简单的扫描聚集操作，并由 reduce 任务对聚集结果进行合并，最后在主节点执行一轻量级连接操作并完成后续过滤展现等处理。该部分的详细讨论参见第 3 章。

数据访问层的特点如下：

(1)强大的数据访问功能。数据访问层提供三种数据访问方式：map/reduce 函数访问、操作符访问和 SQL 语言访问，从而同时兼备 SQL 语言简单易用的特点和 MapReduce 的开放性特点。基于操作符的访问也为用户提供了一种灵活的数据操作方式。

(2)统一的执行计划。对数据仓库查询的处理进行抽象，用统一的基于扫描的执行计划(TAMP，详见第 3 章)处理所有数据仓库查询。新查询计划中，事实表在查询处理的过程可以独立于维表。

(3)可以自然地利用 MapReduce 框架的扩展性、容错能力及调度能力。

(4)充分利用了关系数据库技术，对 MapReduce 的执行进行定制化的优化。

总的来说，新的数据仓库利用 MapReduce 来获得大规模可扩展能力，利用关系数据库的技术理论来保证性能。所有操作都在一个平台上完成，从而减少了数据迁移代价。

2.4　StarBacthLoad 星形模型数据并行加载算法

MapReduce 应用于数据仓库领域时，面临如下问题：MapReduce 适合单表的操作，不适合往往涉及多表操作的数据仓库查询。为了使查询在执行时可以转换为简单扫描操作，预处理阶段需要执行一次星形连接操作，而 MapReduce 不擅长连接操作，从而会导致数据加载时间较长。因此，高效的数据加载算法，是本框架的一个技术难点。

由于数据仓库主题中的维表所占空间往往较小(以 Star Schema

Benchmark 为例，维表占整个主题数据空间比例一般在 3%以下），不会成为整个加载过程的主导因素；而且一般加载操作只进行一次，因此在讨论本部分时，StarBacthLoad 并行加载算法重点关注于事实表部分。

事实表数据的加载包括数据的划分和数据的上传。在数据加载前，位于数据源系统中的事实表数据首先被划分为大小相等的分区，每个分区将作为数据上传过程中一个 map 任务的输入。数据的划分采用传统关系数据库的 round-robin 划分法或者 hash 划分法。数据划分完成后，启动数据上传任务。数据上传任务主要包括数据读取、维表数据主键查找、转换和加载等。如果加载过程中，需要对数据进行汇总，可以在 reduce 阶段完成；如果无需数据的汇总操作，可以省去 reduce 任务。出于性能的考虑，维表层次可以完全或者部分加载进内存中(本研究中，每个维表层次单独存储，因此空间占用较少)。StarBacthLoad 事实表数据加载处理流程如下：

(1)对输入事实表数据进行分解；

(2)读入主题描述文件；

(3)加载每个维表的最低层次信息；

(4)每个 map 任务读取一事实表数据分区；

(5)每个 map 基于其事实表分区和维表最低层次信息执行 hash 连接，取出对应的维表编码(具体编码方法见第三章)；

(6)如果存在聚集操作，根据聚集属性划分数据，转至第(8)步骤；

(7)如果无需聚集操作，将结果写入存储系统，加载结束；

(8)启动 reduce 任务，执行聚集操作，并将结果写入存储系统，加载结束。

其中，第(2)步中的主题描述文件，主要保存该主题的名字、维度名字、每个维度的层次信息、事实表与维表的关联关系等。第(3)步中，如果本地内存不足以存放每个维表的最低层次信息，可以将其写到本地磁盘，以减少远程数据访问代价。详细实验结果分析参见 3.8 节。

2.5 本章小结

大数据分析需要同时具备高度扩展性和高性能的数据仓库系统。本章对当前主流的大数据分析架构进行了归纳分析，将当前的架构归类为并行数据库主导型、MapReduce 主导型、并行数据库和 MapReduce 集成型三种。从归纳的结果可以看出，这些架构基本都是从移植或者集成的角度出发，未涉及其核心执行引擎，因此都难以做到从根本上改进其性能(对 MapReduce 来说)或可扩展能力(对并行数据库而言)。

本研究的架构采取另一种思路：基于 MapReduce 来设计整个数据仓库架构，但利用关系数据库技术保证性能，从而实现在不影响 MapReduce 扩展性的前提下，使其性能接近甚至达到关系数据库的性能。依据此思想，讨论了新型数据仓库架构的设计，并对每层的设计思想进行了论述。

本章的部分内容已发表在计算机学报[51]和软件学报[52]。

第3章　可扩展的高效查询处理框架

传统的关系数据库依赖于由各种操作符组成的树状执行计划对数据进行处理，各个操作符间以流水线方式进行数据的传递。基于MapReduce实现连接时，大体也遵从此树状执行计划：启动多个MapReduce作业(相当于树状执行计划中各个操作符)，每个作业(操作符)负责执行一个连接，连接的结果写出到MapReduce分布式文件系统，以作为下一个作业(操作符)的输入。整个查询执行过程中，包含大量中间结果的读写操作，可见这种直接模仿关系数据库的连接实现方式是低效的。

从数据仓库的整个数据处理流程看，我们对传统的处理方式产生了质疑：在ETL过程中，按照数据库模式，将数据分解为维表数据和事实表数据，而在查询执行过程中，又将其连接起来。更重要的是此连接操作会被不同的查询反复执行，而实际上很多中间结果可以被多个查询重复利用。

当前业界针对MapReduce平台上的连接问题进行了大量研究，并且都能在特定应用场景获得较好的效果。本章采用另一种思路：利用关系数据库的技术和理论为MapReduce平台量身定制新的查询执行模型，将数据仓库查询的处理从传统的基于连接的方式修改为MapReduce式的基于扫描的执行方式。

3.1　概述

如绪论所述，由中低端硬件构成的大规模机群逐步成为大数据处理的主流硬件平台。许多大数据的处理分析平台是基于MapReduce类似平台搭建的，以期获得较好的扩展性和容错性。

MapReduce 将一个数据处理作业划分为众多独立子任务，使得一个子任务的失败不会影响到其他子任务的执行。尽管 MapReduce 框架扩展性和容错性优于并行数据库，但其性能却低于并行数据库[50]，尤其是连接操作。MapReduce 最初是面向单数据集设计的，其适合处理的任务是扫描——聚集式任务。如果一个分析任务需要处理多个数据集，则需加载多个 MapReduce 作业。因此基于 MapReduce 框架来实现数据仓库查询时，往往需要启动多个 MapReduce 作业，每个作业完成一次连接操作，多个作业通过中间的物化结果连接起来。这种简单直接的连接实现方式因较高的 I/O 代价和作业启动代价，而导致执行效率低下。

MapReduce 上的连接优化问题是近年的大数据分析的研究热点，大量研究在此领域展开，较具代表性的有文献[42]、[44]、[45]、[46]。文献[44]、[45]提出了一对多的 map 端结果输出方式：将 map 阶段的输出元组同时传递给多个 reducer，在 reduce 端完成连接操作。随着参与连接的表的数目的增加，这种方式需要写出的元组的数目将呈指数级增加，导致网络传输和 I/O 代价的急剧增大。Llama[46]提出并发连接的算法，在一个 MapReduce 作业中同时进行多个连接操作。但其连接的实现依赖于主外键列组的创建，即需要预先物化并排序每对主外键；当不存在此主外键列组时，需要实时创建，亦即用额外的存储空间和预排序代价换取连接性能的提升。总的来说，这些研究大多关注于如何使用一个 MapReduce 作业完成一个数据仓库查询，但核心仍然是基于连接操作来处理查询。

当前主流研究大多采用基于连接的处理方式来处理数据仓库查询，其根本原因在于这些平台都采用依赖连接操作的星形模型或者雪花模型来组织数据，具体实现为：将事实表数据和维表数据各自存储，在处理查询时，再将两者通过值的匹配连接起来。因此，本研究着手星形模型(雪花模型)的无连接存储，目标是设计新的适合 MapReduce 框架的基于扫描的数据仓库查询处理方式。

本研究对星形模型(雪花模型)的存储方式进行改造，提出了无连接存储模型。无连接存储模型利用层次编码技术，将维表层次等关键信息压入事实表，从而使事实表可以不依赖于维表而独立执行过滤、聚集操作，同时又不用付出较高的存储空间代价。基于无连接存储模型，我们设计了基于扫描的 TAMP 执行模型。该模型将数据仓库查询处理抽象为四个操作，分别是 Transform、Aggregation、Merge 和 Postprocess。TAMP 将数据仓库查询转换为统一的执行计划，该执行计划按照如下的流水线执行每个查询：主节点对查询进行转换，将转换后的任务分发给数据节点；每个数据节点并行地扫描、聚集本地数据，然后将处理结果返回给主节点；主节点对各个数据节点返回的结果进行合并，并执行后续的过滤、排序、解码等操作。我们依据新的数据组织模型和查询处理方式，基于 MapReduce 平台，设计实现了 LinearDB 原型系统，并通过实验验证了其有效性。新的查询处理方式将连接操作部分提前至数据加载过程中，部分推迟至后续处理阶段，以使得数据仓库查询可以转换为众多扫描聚集子任务在 MapReduce 框架中并行执行。LinearDB 原型系统的性能测试表明，TAMP 执行模型可以使 MapReduce 的性能提升 1 个数量级。

3.2 相关工作

3.2.1 处理框架

本研究的查询处理方式借鉴了 MapReduce 框架的某些思想，比如基于扫描的处理方式，对查询处理的高度抽象等。然而，我们的查询处理框架是针对特定领域(数据仓库查询)的抽象。在 TAMP 框架中，不管参与连接的表有多少，查询都在一个作业内完成。相比而言，MapReduce 框架则是一通用的数据处理框架，且往往需要启动多个作业来完成一个数据仓库查询。同时，我们的查询处理框架与传统的关系数据库也有很大区别。通常情况下，关系数据库为每个查询制订不同的执行计划；而 TAMP 框架则用同一个执行计划处理所有查询，不涉及连接顺序的选择、数据的分解等复杂的优化问题。

3.2.2　预连接

预连接技术被广泛应用于关系数据库的查询优化中。在文献[36]、[53]中，泛关系模型将所有维表信息放入事实表中，从而将查询的处理转换为简单的顺序扫描操作。然而，这种方式将导致较高的数据存储空间代价和I/O代价。与泛关系模型不同，本研究只是将维表的层次等关键信息压缩进事实表，并将连接操作推迟至聚集操作之后，从而在存储空间和连接代价之间取得一个较好的平衡。Join-index[54]是另一种利用预连接技术来降低连接代价的处理方式。Join-index将与之相匹配的维表记录的地址保存在事实表中。如果本研究基于Join-index来处理查询，不得不反复访问维表以获得连接值，因此将导致大量的随机访问。而TAMP利用层次编码将连接值物化进事实表，因此单纯基于事实表的扫描操作就可以产生连接结果。

3.2.3　层次编码

利用层次编码技术来优化星形连接的性能首先被文献[55]、[56]引入。在文献[55]中，基于层次编码的代理键被用于连接维表和事实表。在该设计中，事实表以层次聚簇方式进行存储，并将星形连接转换为基于UB-Tree的多维范围查询。文献[57]基于合并的代理键，提出了CSB星形模型。同以上方式相比，本研究采用局部层次编码而非全局编码的方式，从而更加节省空间。

此外，IBM的Blink[53]系统将整个星形(雪花)模型预连接成一张大表，然后将连接后的大表根据属性值出现的频率分成多个单元，再将每个单元压缩编码成一个二进制串流。在执行查询时从每个单元的头部开始解压并处理每个元组。不同于Blink系统，LinearDB只是将关键的维度层次信息压缩进事实表，而非全部。此外，两者的压缩技术也不同：Blink采用基于字典的压缩技术，LinearDB采用基于层次编码的压缩方法。同时LinearDB可以实现多种表扫描的方式，比如跳跃式表扫描等，而Blink系统只能提供一种全表扫描的访问方法。但LinearDB借鉴了Blink系统通过物化手段来简化复杂星形连接操作的思想和并行谓词判断算法。

3.3 TAMP 执行模型

本节对提出的数据仓库查询处理框架进行讨论。首先对其核心思想进行分析，然后对该框架中的 TAMP 数据仓库查询处理模型进行介绍，最后对新的执行模型在 MapReduce 平台上的实现进行描述。

3.3.1 关键思想

数据仓库往往被组织为一个或者多个星形(雪花)模型[6]。基于星形模型的 OLAP 查询，在处理时往往需要首先执行一次星形连接操作，将事实表和维表连接起来；然后通过维表上谓词判断的执行来对事实表数据进行过滤；过滤后的数据再根据用户的查询需求进行聚集。查询处理性能的瓶颈在于第一次的多表连接(即星形连接)操作。泛关系模型(universal relation) [58]将模型中所有属性放入一个关系，虽可以避免连接操作，但也不得不付出因数据冗余而导致的较高空间代价。

从功能角度看，星形(雪花)连接操作的主要作用是获得维表的层次等关键信息。可以观察到，数据仓库中查询涉及的列一般为维表中的层次属性和事实表度量属性(非层次上的操作可以通过转换手段实现，将在 3.5 节讨论)，基于多维数据立方体上的查询即是例证。基于此，本研究采取了如下策略：借鉴泛关系模式的思想，在数据加载过程中，将维表信息物化到事实表，从而实现星形(雪花)模型的无连接存储。与泛关系模型不同的是，无连接存储模式没有将所有属性都放入泛关系，而是将维表层次信息通过层次编码方式压缩进事实表中，从而可以在空间代价和连接代价之间取得一个较好的平衡。在处理查询时，本研究先将维表上的操作转换为编码后的事实表上的操作，然后用基于事实表的过滤操作和聚集操作来完成查询的处理。

3.3.2　TAMP 执行模型

LinearDB 所采用的 TAMP (Transform-Aggregation-Merge-Postprocess)框架如图 3-1 所示。当一个 SQL 查询到达时，首先由主节点上的 Transform 模块进行预处理，将所有维度上的操作都转换为事实表复合码上的操作。然后将转换后的查询下发至各个数据节点，各个数据节点独立并行地执行本地数据的 Aggregation 操作——扫描、聚集、排序，并将聚集排序后的数据返回到主节点，最后由主节点进行数据的合并、代码翻译及排序等后续操作。数据仓库的聚集查询往往具有高输入低输出的特点(以 SSB 基准测试中查询为例，30GB 的数据量下，所有查询的输出记录都在 1000 条以下，所占空间不超过 100KB)，因此产生的网络传输量也较小。每个阶段的主要处理工作简介如下。

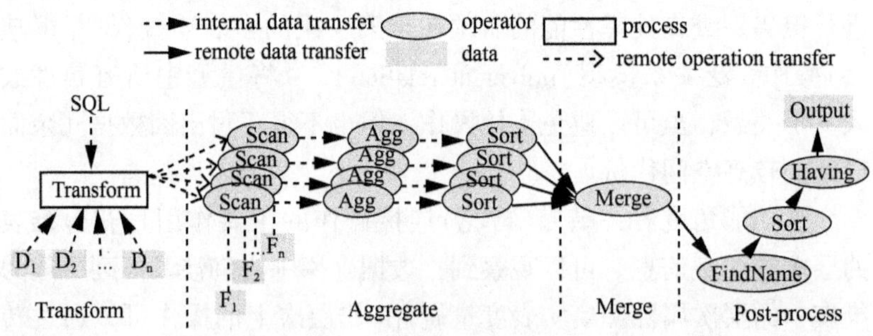

图 3-1　TAMP 处理模型总览

1. Transform

主节点对查询进行预处理，将查询中作用于维表的操作(主要是谓词判断、group-by 聚集操作等)转换为事实表上的操作，事实表上的谓词判断等保持不变。详细的转换规则见 3.5 节。转换结果是一个仅作用于事实表的等价查询。

2. Aggregation

在此阶段，每个数据节点以流水线方式执行如下操作：(1)依据新的谓词判断，扫描并过滤本地数据；(2)基于新的 group-by 语句，执行聚集操作；(3)对聚集结果进行合并，并将处理结果返回给主节点。

3. Merge

主节点收到各个数据节点返回的聚集结果后，执行合并操作，形成未解码的最终结果集。由于每个数据节点返回的数据都是聚集后的数据，而典型的数据仓库查询的结果集往往较小(Star Schema Benchmark 中的所有查询结果集都在 800 条以下)，因此该步骤可以较快地完成。

4. Post-processing

Merge 产生的结果集是各个数据节点结果集的简单合并，维度层次等信息仍然是以编码方式存在的，因此需要执行一简单的解码操作，以得到维度层次的实际信息。最后，基于解码的数据，进行最终的排序、过滤等操作，并将结果返回至用户。

3.3.3 TAMP 在 MapReduce 平台上的实现

TAMP 和 MapReduce 结合的方式如图 3-2 所示。Transform 模块和 Postprocess 模块部署于主节点上，Aggregation 模块和 Merge 模块部署于各个从节点。数据按照 3.5 节的论述进行分布存储，维表集中存储于主节点，事实表按照 PAX 模型存储在分布式文件系统上①。

当查询作业被提交至主节点时，LinearDB 先对其进行转换，然后根据 split 大小，对事实表数据进行分割，随后启动 map 任务执行 Aggregation 操作。各个 map 任务的输出由一个 reducer 任务进

① 进行本章设计时，智能型存储模型尚未开发出来。

行合并(用户可修改此参数)，并将合并结果写出到 HDFS，由后续的 Post-process 模块进行最终的处理。

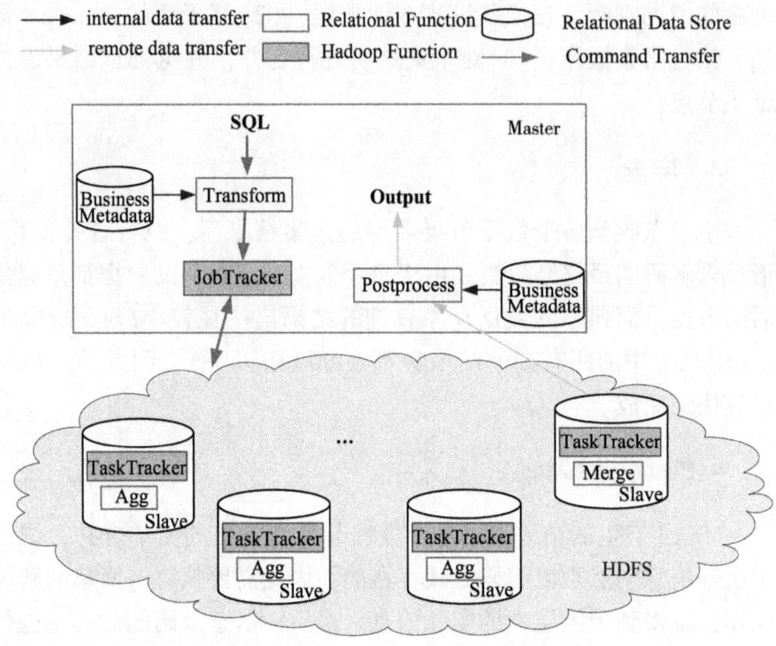

图 3-2　TAMP 在 Hadoop 平台上的部署

3.4　无连接存储模型

3.4.1　基本概念

OLAP 数据主要分为度量和维度两类。度量(或事实)，主要是数值型，随时间变化，对应某特定时间点跟某事物相关的值，比如银行某天的存款额、某地区的特定年份的人口数等；维度被用来描述度量，通常情况下，维度几乎是静态的，较少随时间而变化，如时间、地区、产品等。维度数据通常较小，事实数据占据绝大部分空间。事实表数据往往是以批量方式追加进数据仓库的。

在 ROLAP 中，每个维度通常被存储在一张关系表中(称为维表)，表中属性往往代表不同的层次或者某些描述信息，比如时间维度，可以包含年、月、日等不同层次，同时也包含某些描述信息，比如是否节假日等。不同层次往往存在包含和被包含关系，如年包含月，月包含日。某些情况下，一个层次也可以被多个层次包含，比如层次日可以被层次月包含，也可以被层次星期包含。度量被存储在事实表中，事实表通过描述度量的维属性同维表建立参照完整性约束关系。

3.4.2 无连接存储模型

正如本章概述部分提到的，星形(雪花)模型的默认存储方式因为复杂连接操作的存在而不适合大规模机群操作，因此我们针对数据仓库查询的特点，为星形(雪花)模型设计了无连接的存储模式。无连接存储模型的详细定义如下。

定义 3.1(层次局部域) 设 L 是维度 D 的一个层次，其所有成员的集合为层次 L 的全局域。设层次 L 的父类层次为 PL(最高层次的父类记为 ALL)，L 的一个局部域是指同属一个父类(记为 p)的 L 层成员集合，记为 $\text{localDomain}_{PL=p}(L)$。如图 3-3 所示，$\text{localDomain}_{PL='China'}(\text{City})=\{\text{Beijing, Hongkong, Shanghai}\}$。层次全局域是多个层次局部域的合集。

定义 3.2(局部层次码) 设维度 D 的某一层次的局部域成员基数为 m。我们为此局部域定义一个一对一的映射函数 S: $\text{localDomain}_{PL=p}(L)\to[0, m]$，以使对于每一个 u，$u'\in\text{localDomain}_{PL=p}(L)$，且 $u<u'$，都有 $S(u)<S(u')$，$S(u)$称为 u 的局部层次码，简记为 $h\_skey_{D.L}(u)$。本研究中，用二进制串来表示一个局部层次码，对一个成员基数为 m 的层次局部域来说，共需要$\lceil\log_2 m\rceil$个二进制位。如图 3-3 所示，China 节点有三个子节点 Beijing、Hongkong 和 Shanghai，我们可以对其依次编码为 01、10 和 11。

定义 3.3(全局层次码) 每一个维度都对应一棵层次树。该层次树上每一个节点都存在一个按照先序遍历从根(最高层节点)到

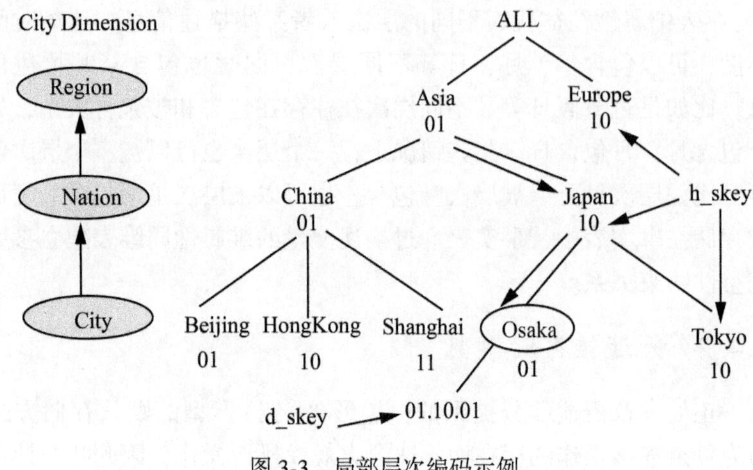

图 3-3　局部层次编码示例

其自身的路径。我们把路径上每个节点的局部层次码连接后形成的码称为该节点的全局层次码，维度 D 的 L 层成员 M 的全局层次码记为 $d\_skey_{D.L}(M)$。如图 3-3 所示，Osaka 的局部层次码 01，其在 City 维度中的全局层次码为 01. 10. 01。

若某层次成员对应多个父类节点(比如中国按地域来讲属于亚洲，但从经济发展水平来讲又属于发展中国家)，到达该节点的路径就对应多条。对其编码时，我们先将到达该节点的所有路径抽取出来，形成一棵子树，然后按照广度优先顺序遍历该子树并将路径上每个节点的局部层次码进行连接，即形成该节点的全局层次码。广度优先遍历可以保证较高的层次在编码串中处于较前的位置，从而获得较好的聚簇效果(详见 3. 4. 4)。特别需要指出的是，本章中的层次含义更为广泛——维表中的属性都可以被看做层次。比如如果将日期维度（Year，month，isHolidayFlag，dateKey）中的 isHolidayFlag 属性看做一个层次，则其对应层次树的层次为：dateKey→isHolidayFlag。

定义 3. 4(复合层次码)　以层次为粒度、按照层次由高到低的顺序对多个维度的全局层次码交错组合后的编码称为复合层次码，记为 md_skey，下文中简记为复合码。

本章根据经验设定的默认编码规则为：时间维度为第一优先维度，其他维度的优先级根据其成员数确定，成员数越少优先级越高。对如图 3-4 所示维度 Time、Location、Product 的成员数分别为 500、200、50，三个维度的优先级由高到低为 Time→Product→City，其对应的编码规则如 Year. Product_Type 中虚线箭头走向所示。

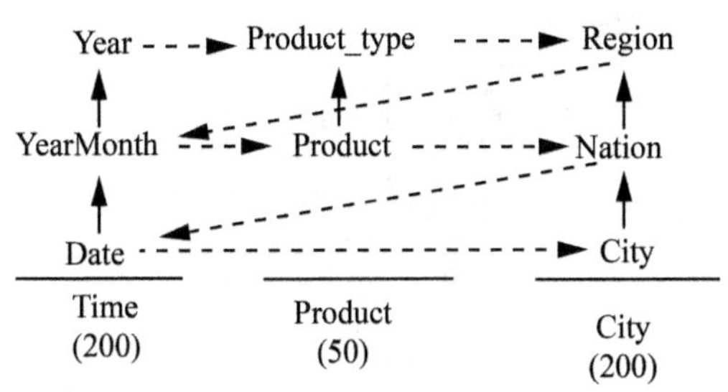

图 3-4　复合层次码示例

在无连接存储模型中，每一个层次相当于一张维表，由如下的列组成：

1)全局层次码(d_skey)：维度层次树上由最高点到该节点的路径上的编码组合；

2)原维表中函数依赖于该层次的其他属性。

事实表包含的列信息如下：

(1)该事实表参照的各个维度组合而成的复合层次码 md_skey；

(2)原事实表中其他属性，主要是度量信息。

事实表中采用复合层次码，而不是单独存储每个维度的全局层次码是基于如下考虑：

(1)可以减少表示二进制字段时的二进制位数的浪费(1 个二进制位也需要用一个字节存储)，从而更加节省空间；

(2)可以进行更加有效的谓词判断算法，如量谓词判断、并行谓词判断等；

(3)排序后，数据自然就形成聚簇，可以提供更加有效的 I/O

访问(详见 3.4.4)。

出于存储空间考虑，事实表中的原外键字段可以删除。图 3-5 举例对比了星形模型与其无连接存储模型之间的对应关系。

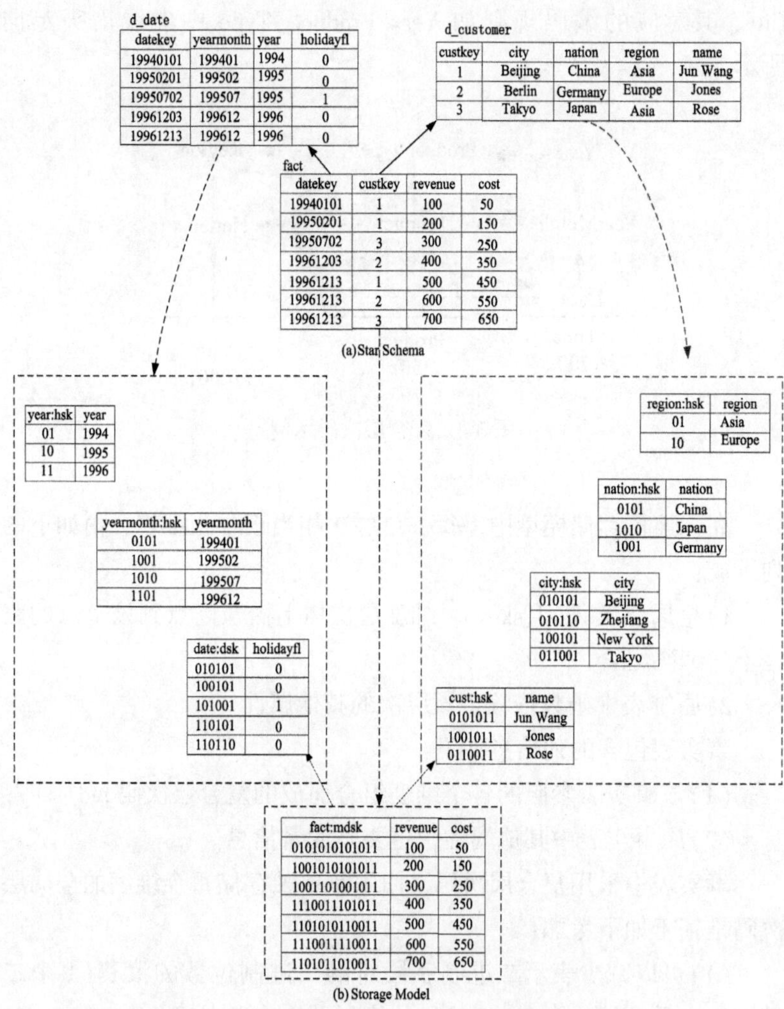

图 3-5　星形模型与其无连接存储模型①

① 图中 mdsk 对应文中的 md_skey，hsk 对应文中的 h_skey。

3.4.3　维表优化存储策略

在设计维表的存储策略时，本研究主要考虑了如下三点：

(1)数据仓库中，维表所占存储空间普遍较小，一般至多属于GB级，如Star Schema Benchmark(SSB)[59]标准测试集30GB数据中，维表只占1.1%；

(2)访问频度高，几乎所有查询均会涉及维表访问；

(3)当前服务器内存至少是GB级，某些已达TB级。因此，维表基本可以全部放入主节点的内存中，从而避免I/O操作，提高其访问性能。少数情况下，内存不足以存放所有维表，此时将不得不借助于外存，我们可为其建立索引，以加快维表的访问速度。

3.4.4　事实表优化存储策略

事实表所占空间较大，因此本研究将其存储于整个MapReduce分布式文件系统上。鉴于事实表的访问性能决定整个查询的性能，本研究对其存储采取了如下一系列优化措施。

1. 基于增量式排序的层次聚簇存储

在预处理阶段本研究根据事实表的复合码对事实表进行排序，排序后记录自然形成聚簇，而且层次越高聚簇效果越明显。这种聚簇虽不能保证对每个查询都达到最佳聚簇效果，却可以保证对于绝大多数查询都是有效的。比如复合码按照“年．省份．月．地区．日期”的编码规则排序后，同年份相关的查询会得到最好的聚簇效果，其后层次聚簇效果依次减弱，最底层的日期的聚簇效果最差。

如3.4节所描述，事实表数据往往是随时间变化的、以批量方式追加进系统的。因此，在LinearDB的实现中，我们将时间相关维度作为第一优先维度，以实现增量式的排序效果：新加入的数据经排序后自然排在所有数据的后面。因此本研究每次只需对新加入的数据单独排序，然后追加进系统即可，从而大大降低排序的代价。对于极少数情况下，时间顺序和数据加载顺序不完全一致时，往往需要在加载后执行一次全局排序操作。

2. 针对<key，value>的物理存储模型

绝大多数星形(雪花)查询中的谓词都是基于维度层次的，聚集操作也大多如此(如 MOLAP 中的多维查询)。而且在分析型领域，列存储往往优于行存储。基于以上分析，LinearDB 采用了类似<key，value>形式的列式存储模型：key 为复合码 md_skey，value 为事实表中的除复合码外的某一属性值。事实表中 value 大多为定长类型(数值型)，出于空间考虑，我们只在每一个块的头部存储 key 的二进制位数、value 类型及长度等，从而省下大量的记录指针等存储空间。同时，数据类型信息等存储在块内，可以为数据的存储分布带来极大的灵活性。对于占少数的不定长数据类型，仍采用传统的 Page-slot 存储方式。

3. 前缀压缩存储

压缩可以有效改善 I/O 性能，节省磁盘空间。事实表按照 key 值排序后，相邻元组的 key 值往往含有较多的相同二进制位，意味着我们可采用基于块得前缀压缩算法：将每一块的第一条记录存储完整的 key 值，紧邻的后续元组只存储同前一条元组不同的位串(图 3-6 示意了两个元组压缩后的存储情况)。

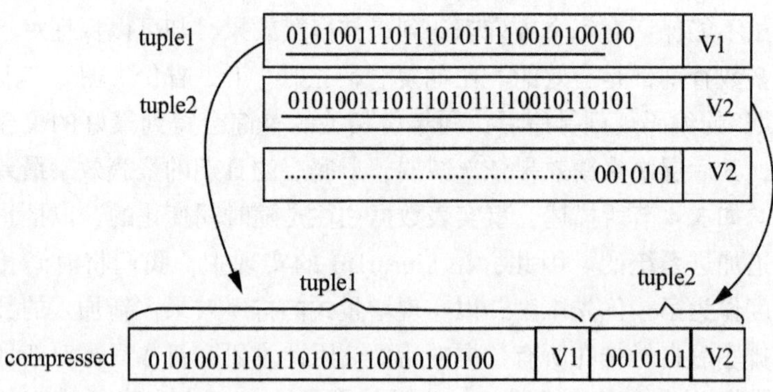

图 3-6　压缩后的两个相邻元组存储示例(v1、v2 为度量值)

然而，<key，value>的列存储实现是同 MapReduce 分布式文件系统不兼容的：MapReduce 不能保证同一元组的不同列位于同一节点。为了保证同一元组的不同列位于同一节点，本研究采用了 PAX 存储模型，详细参考 4.4.3。

3.5　查询转换

本节讨论 TAMP 模型中的查询转换规则。本章的谓词转换针对合取范式，析取范式可以表示为多个合取范式的并集，因此本研究的技术也是适用于析取范式的。

3.5.1　等值谓词判断转换

等值谓词中的所有谓词都是等式判断。对于这种合取范式我们产生两个二进制串，一个是掩码 mask_e 用于抽取谓词中涉及的层次，另一个是由谓词中涉及的层次的期望值组成的二进制串 constant_e。对于每一个元组 t 我们执行如下判断：mask_e & t. md_skey = constant_e。

以图 3-5 中无连接存储模型为例。等值谓词判断 d. year ='1996' and c. region =' Asia' 对应的 mask_e 为 '11. 11. 00. 00. 00. 00. 0'，constant_e 为'11. 01. 00. 00. 00. 00. 0'。其转换后的谓词判断为：md_skey & '11. 11. 00. 00. 00. 00. 0' ='11. 01. 00. 00. 00. 00. 0'。

3.5.2　范围谓词判断转换

范围谓词判断含有不等式谓词判断，但也可能含有等式谓词判断。对于这种合取范式，本研究产生一个含有两个谓词判断的新合取范式：一个是等值谓词判断，正如上边的等值谓词判断转换中讨论的一样，用于判断该合取范式中的所有等值谓词；另一个是范围谓词判断，用于判断此合取范式中的所有不等式谓词。我们将一个合取范式中的所有不等式谓词判断转换为两个二进制串，一个代表满足谓词判断的元组的最大值(constant_max)，一个代表最小值(constant_min)。constant_max 由谓词中涉及的层次的上限值按照复合编码的编码规则组合而成；对应地，constant_min 由谓词涉及的层次的下限值组合而成。没有出现在合取范式中的层次相应位用全 0 代替。同样也产生一个掩码 mask_r 来抽取该谓词判断中涉及的层次。对于每一个元组 t 执行如下谓词判断：(mask_e & t. md_skey = constant_e) and((mask_r & t. md_skey) between constant_min and constant_max)。仍以图 3-5 中无连接存储模型为例。范围谓词判断：d. year≥'1994' and d. year≤'1996' and c. region ='Asia'，其对应的 mask _ e 为'00. 11. 00. 00. 00. 00. 0'，constant _ e 为 00. 01. 00. 00. 00. 00. 0'，mask _ r 为'11. 00. 00. 00. 00. 00. 0'，constant _ min 为'01. 00. 00. 00. 00. 00. 0'，constant _ max 为'11. 00. 00. 00. 00. 00. 0'。转换后的谓词判断为：md _ skey & '00. 11. 00. 00. 00. 00. 0' = '00. 01. 00. 00. 00. 00. 0' and md _ skey & '11. 00. 00. 00. 00. 00. 0' between '01. 00. 00. 00. 00. 00. 0' and '11. 00. 00. 00. 00. 00. 0'。

3. 5. 3　列表谓词判断转换

对于 Like、In 等列表谓词判断，其转换只是简单的代码替换，然后将替换后的代码下发至各个数据节点，由各个数据节点在扫描时进行谓词判断。

对于基于维表上其他描述信息的谓词判断我们也采取类似于 IN 列表的转换手段，将符合条件的维度成员的全局层次码下发到各个数据节点。

3. 5. 4　Group-by 转换

Group by 语句的转换比较简单，只需要产生一个用于抽取 group-by 语句中涉及的层次的掩码即可(记为 mask_group)，对于每一个元组 t 执行如下判断：group byt. md_skey & mask_group。

3. 5. 5　一个完整的转换例子

基于图 3-5 中无连接存储模型的星形查询如下：

select d. year，c. nation，sum(revenue)

```
        from fact, d_date, d_customer
          where d.year ≥ 1994 and d.year ≤ 1996 and c.region =
'Asia'
    group by d.year, c_nation
```

转换后的查询可用 SQL 伪表达为：

```
select md_skey & '11.11.00.11.00.00.0', sum(revenue)
        from fact
          where (md_skey & '00.11.00.00.00.00.0' = '00.
01.00.00.00.00.0') and
              (md_skey & '11.00.00.00.00.00.0' between '01.
00.00.00.00.00.0' and '11.00.00.00.00.00.0')
    group by md_skey & '11.11.00.11.00.00.0'
```

3.6 聚集优化

查询被主节点转换后，一个带有事实表上谓词判断及聚集掩码的聚集操作符被下发到各个数据节点。每个数据节点按照如下流水线方式执行本地数据的处理：扫描→聚集→排序。谓词的判断和聚集操作都是基于复合码进行的。其中扫描是最耗时间的，本研究采用了多种技术手段及算法来提高扫描性能。

3.6.1 并行谓词判断

并行谓词判断是系统默认的谓词判断方式。传统的谓词判断是 one-by-one 方式的。本研究受启发于 Blink 中的谓词判断算法[53]，只是实现算法不同。本研究采用的算法不用区分偶数列和奇数列。对于等值谓词判断只需要执行 3.5.1 中转换后的谓词判断即可，所有的等值谓词都是通过一次二进制位操作完成的；对于范围谓词判断，按照 3.5.2 范围谓词判断。

3.6.2 批量谓词判断算法

批量谓词判断用于压缩数据。当采用压缩格式存储数据时，相邻元组的高位是相同的，作用在相邻元组的共同位上的谓词，其执行结果也是相同的，此时只需要执行一次谓词判断，后续元组上的谓词判断便可以跳过不再执行，也不用解压操作。

以图 3-7 中两个元组为例，第二个元组的前 25 位都是和前一个元组相同的，因此当谓词判断作用于前 25 位时，如果第一个元组符合条件，第二个元组也符合，可以不再执行谓词判断。同理，如果第一个元组不符合条件，第二个元组也不符合，同样也可以不再执行谓词判断。排序后的事实表，越高层编码重复片段越长（只有最底层的没有重复片段），因此，批量谓词判断可以显著加速复杂谓词判断的执行。

010100111011101011110010100100	V1	0010101	V2

图 3-7　压缩后的两个相邻元组存储示例（v1、v2 为度量值）

3.6.3　跳跃式扫描

数据仓库中的查询往往都是低选择率的，像 MapReduce 方式的顺序扫描，大部分 I/O 都是无用的。为了加速数据的访问，可以考虑在<key，value>上建立索引。度量属性上的索引可直接利用通常的索引技术，本章不再深入讨论；但若在复合码上建立通常的一维索引（B+树等）却是不可行的：复合码形式上是一个普通字段，但本质上是一个多维信息的组合；而且数据仓库中的查询往往只涉及部分层次，从而导致索引建立顺序和查找顺序极有可能是不一致的。比如，以图 3-4 的编码规则形成的复合码建立 B+树索引后，当查找 Region='Asia'的记录时，由于只比较该复合码中的 Region 层次对应的子编码，该 B+树也就无法处理。

为此，本章提出了跳跃式扫描算法。跳跃式扫描是基于有序数据、相对于顺序扫描提出的，其核心思想是尽量多地跳过同查询无关的数据块。为达到此目的，我们将每一块的第一条记录抽取出来形成一张跳跃表，查询时根据跳跃表项和谓词来判断哪些块可能存在符合条件的记录，同时排除不可能存在符合条件记录的数据块，从而减少 I/O。

数据文件中的一个块对应跳跃表中一个表项，其所占空间是数据文件大小(或)块大小)乘以复合码长度。以 SSB 30GB 数据量来算，按照我们的非压缩格式存储的某一度量对应的跳跃表所占空间为 1.67GB(或 8KB)×10bytes，只占数据文件的 1.2‰。跳跃表是针对特定数据文件建立的。在大规模机群下，数据已经被均分于每个数据节点，因此，每个节点上的数据文件所占空间一般属于 GB 级，跳跃表的空间一般属于 MB 级。为了加速跳跃表的检索速度，也可以在跳跃表之上再建立多层跳跃表。

跳跃式扫描算法主要包括两个步骤：(1)产生可能包含符合条件的记录的地址块地址列表；(2)基于第一步骤产生的地址块地址列表，进行数据的访问。

定义 3.5(最小候选码) 大于等于当前复合码并且符合谓词条件的最小复合码，简记为 MCCode。

最小候选码举例。一个复合码含四个层次，每一层次的局部编码的值范围分别为[1, 4]、[1, 7]、[1, 10]和[1, 15]。要在该复合码中查找等于 *.2. *3 的记录(* 代表任意值)，那么复合码 1.3.2.3 的最小候选码为 2.2.1.3，表示大于等于 1.3.2.3 并且各层等于 *.2. *.3 谓词的最小复合码。若谓词判断为范围谓词判断，为查找第二个层次介于 2 和 4 之间，第四个层次等于 2 的记录，那么复合码 2.5.3.2 的最小候选码为 3.2.1.2。在复合码 2.5.3.2 中，第二个层次 5 已不在要求的 2 和 4 范围之内，所以求其 MCCode 时，需向高层次进一，同时置其他值为最小值。最小候选码的求解算法见 Algorithm 1(图 3-8)。Algorithm 1 首先根据谓词判断，提取出每一层次的上限值，按照复合码编码顺序组合成 upperKey；同理，提取出所有下限值组成 lowKey(行 1~2)，然后从最高层到最低层①依次设置 MCCode 每一层的 h_skey：如果参数

① 维度层次中的高低依据层次树中的层次定。比如在时间维度中，年层次是高层，日层次是低层次。

key 中的当前层次的 h_skey 小于对应的 lowKey 中的 h_skey 值，将所有低于或等于当前层次的层次置为 lowKey 中对应的 h_skey（行 4~6）；如果 h_skey 大于 upperKey 中对应的 h_skey，将继续往高层查找，直至找到某一层次 h_skey 增加 1 后仍在其对应范围内（行 8~10），然后将该层及低于该层的所有 h_skey 置为最小值（行 11~12）。如果到达最高层次后仍无层次增 1 后在其范围内，说明该 key 值大于最大的 MCCode，即该 key 不存在对应的 MCCode。

Algorithm 1: CalculateMCCode

```
   Input: key, predicates
   Output: MCCode
1  Hierarchy lowKey[]=extractLowBound(predicates);
2  Hierarchy upperKey[]=extractUpperBound(predicates);
3  pos=getFirstHierarchyNotInRange(key,predicates);
4  if(pos>0) //the h_skey is less than its low bound
5      foreach low_h in pos.. lowest_hierarchy
6          key[low_h]=lowKey[h];
7  else if(pos<0)//the h_skey is bigger than its upper bound
8      foreach h in |pos|+1 .. highest_hierarchy do
9          if key[h]+1 between lowKey[h] and upperKey[h] then
10             key[h]= key[h]+1;
11             foreach low_h in h-1.. lowest_hierarchy
12                 key[low_h]=lowKey[h];
13         end
14         if(h>highest_hierarchy)
15             return NULL;//No MCCode, key> biggest MCCode
16     end
17 end
18 return key; //no corresponding MCCode
```

图 3-8　Algorithm 1

定理 1　一排序数据，如果某数据块包含符合条件的记录，该块的最大值必大于等于其前一数据块中最大复合码的最小候选码。对于第一个数据块取其最小复合码作为其前一数据块的最大复合码值。

证明：设 P 为一谓词，block_i 为有序数据块列中的某一数据块，

$minKey_i$为 $block_i$中的最小 md_skey 值，$maxKey_i$为最大值；c_key 是 $block_i$中满足谓词 P 的某记录的 md_skey 值，$minMCCode_i$为 $minKey_i$的 MCCode，$maxMCCode_i$为 $maxKey_i$的 MCCode。可以做如下推理：

(1)由于所有的 md_skey 值是有序的，可推出：

$maxKey_{i-1} \leqslant minKey_i$

(2)由 $maxKey_{i-1} \leqslant minKey_i$可推出：

$maxMCCode_{i-1} \leqslant minMCCode_i$

(3)已知 $minMCCode_i = min(\{key \mid key \geqslant minKey_i$并且 key 满足谓词 $P\})$，c_key 是 $block_i$中一个通过谓词判断的记录的 md_skey 值，因此

$c\_key \geqslant minMCCode_i \geqslant maxMCCode_{i-1}$

(4)因为 $maxMCCode_{i-1} \leqslant c\_key \leqslant maxKey_i$，那么

$maxMCCode_{i-1} \leqslant maxKey_i$。

为便于计算，取下一数据块的第一个复合码值(该块的最小复合码)作为当前块的最大复合码。产生待扫描数据块地址块地址列表的算法如 Algorithm 2(图 3-9)所示。

```
Algorithm 2: Get Candidate Block Address list
   Input: JumpTable, predicates
   Output: addressList
1  minKey=caculateInitialKey(predicates) ;
2  MCCode=CalculateMCCode(minKey, predicates);
3  foreach key in JumpTable
4  |  if key > =MCCode then
5  |  |  add corresponding address to addressList;
6  |  |  MCCode=CalculateMCCode(key, predicates);
7  |  end
8  end
9  return addressList;
```

图 3-9 Algorithm 2

Algorithm 2 首先根据谓词判断 predicates，设置初始 key 为所有层次的局部层次码 h_skey 的最小值(行 1)并计算其 MCCode 作为当前 MCCode(行 2)，接着将跳跃表中每一项同当前的 MCCode 作对

比(行 3~4)，如果当前的 key 满足定理 1，将其加入结果列表中并计算新的 MCCode(行 5~6)。重复以上步骤，直至跳跃表中所有项都得到处理。

3.6.4　Scan-index

Scan-index 扫描算法主要是针对基于列存储模型的多列查询提出的优化算法。事实表按列存储，可以有效去除不必要字段的 I/O 代价，但也带来另外一个问题：当查询涉及多个度量值时，往往需要将这些度量值连接起来进行某些操作。这也是列存数据库涉及多列查询时性能较低的主要原因之一。

Scan-index 是在程序运行过程中创建的内存索引，它可以在每一个度量的访问过程中动态更新，每一个度量的访问都可以基于前一个度量更新的 scan-index 进行数据的访问(第一个度量的访问只能基于全列扫描或者跳跃式扫描的方式实现)。在此，本研究仍就合取范式谓词判断进行讨论。其基本思想来源于如下观察：对于同属一个元组的多个列来说，如果在某一次谓词判断时，某列不符合条件，该元组将不符合整个合取范式，也就没有必要再访问后续列。本章用一个位图来实现 scan-index 索引，其中每一位标识其对应偏移量的元组是否符合条件，true 表示符合，false 表示不符合。

由于所有数据聚簇存储，而且数据仓库查询的选择率较低，因此该位图中会出现大量的连续 1 或者 0。为节省空间，对于非压缩数据，我们采用[二进制标识，开始位置，长度]三元组来压缩存储该位图。后续度量的块地址可以通过元组偏移量除以块大小计算出，块内偏移量可以通过元组偏移量对块内记录数求余得出。基于 SSB 30GB 数据集，大多数查询产生的 scan-index 索引所占空间都在 KB 级。

对于压缩数据，由于不同数据类型的度量对应的数据块内存储的元组数往往不同，因此较难根据元组偏移量直接计算出元组所在数据块及元组在数据块内的偏移量。此种情况下，scan-index 算法只适用于作用在相同数据类型的度量上的查询。由于度量基本为数值型且数据类型较少，因此，此限制并不会对 scan-index 算法在压缩数据上的应用产生较大影响。我们用如下结构体数组以块为单位存储基于压缩数据产生的位图：[含满足谓词条件的元组的块在数据文件中的偏移量，该块内元组对应的位图]。不含元组条件的块不会出现在该结构体数组中。以 SSB 30GB 数据集为例，在选择率最高的 Q4.1 查询中，该位图所占空间仅为 93KB。

Scan-index 扫描以两步执行：第一步，依据全列扫描或者跳跃式扫描产生初始的 scan-index 位图；第二步，循环执行剩余谓词直至所有谓词都被执行完：基于前一列产生的 scan-index 位图访问当前列，执行同该列相关的谓词并更新 scan-index 索引位图中的相应位。其中，第二步操作主要完成事实表中同度量相关的谓词判断。

OLAP 查询访问的列大多为维度的层次和事实表的度量(MOLAP 中基于数据立方体上的查询即是例证)；在无连接存储模型中，事实表的复合码已经包含所有的维度层次信息。因此对于大多数查询来讲，第一次扫描后即可确定哪些元组符合查询，后续列的访问都可以基于初始的 scan-index 位图进行数据访问。以如下投影操作为例：

$$\pi_{m1,m2}(\sigma_{md\_skey\&''11100000111''=''10001000101''}(factTable))$$

基于 scan-index 的执行示意如图 3-10 所示。第一个度量的访问需要执行全表扫描操作，而第二个度量的访问就可以基于第一次扫描产生的 scan-index 索引直接进行访问。

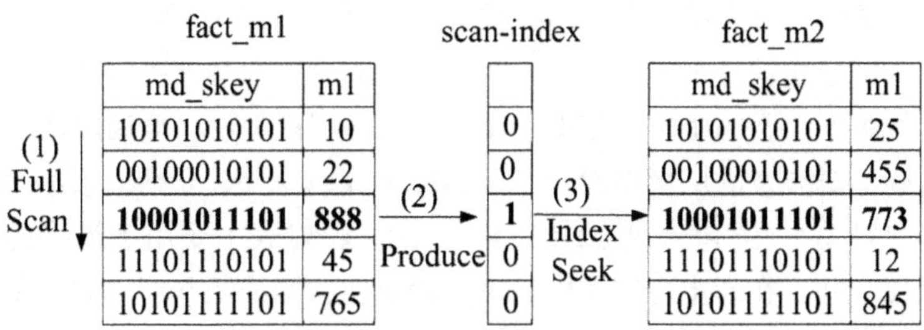

图 3-10 Scan-index 执行实例

3.7　多版本共存的维表更新协议

通常情况下，数据仓库系统假设事实表中数据反映数据仓库的动态特性，而维表中数据反映静态特性。因此，更新操作主要发生在事实表上。而随着数据仓库应用的推广，维表中数据的更新也越来越频繁。比如，产品维表中不停地有产品的增加或者删除；雇员维表中会有新的雇员加入，部分雇员被解雇等。对于传统的星形模型来说，维表的更新对事实表的影响较小(本节仅限于 ROLAP 领域进行探讨)，只有在维表主键被更新时，才会导致事实表数据的同步更新。然而，对于无连接存储模型，维表中任一层次的更新(插入、更新、删除)都会导致其局部层次编码 h_skey 的变化，从而导致全局层次编码和事实表中复合维度编码 md_skey 的变化。解决该更新的最直接方式是重新生成事实表数据的编码。然而这种同步方式会导致大量事实表数据的更新，其性能是难以接受的。

为了解决此问题，本研究设计了基于多版本共存的维表更新协议。在我们深入讨论之前，约定一个概念：主题实例。一个主题的无连接存储模型模型对应的所有数据(包含事实表数据和其参照的维表数据及对应的编码体系)称为一个主题实例。一个主题可以包含多个不同版本的主题实例，这些主题实例对应相同的星形模型(或雪花模型)，只是编码体系不同。如图 3-9 中的无连接存储模型和图 3-10 中的无连接存储模型，虽其对应的星形模型相同，但所采用的编码体系的不同，因此属同一主题的不同主题实例版本。

当层次信息上有更新发生时，就为此主题模型产生一新的主题实例版本。新的版本会依据 3.4.2 的局部层次编码、全局层次编码规则，对涉及的层次中的所有成员重新编码，并建立新旧版本编码间映射关系(不包含复合维度编码)，该映射表主要用于最终的结果集合并。在新主题实例中的事实表只包含当前版本产生后到下一版本产生前的事实数据，新主题实例中的事实表的多维度复合编码依据原有的复合维表编码规则和新的编码表进行编码，已存在的事实表数据保持不变(尤其是已产生的复合维度编码)。各版本的主题实例逻辑上属于同一个主题模型，物理上是独立存储、访问和管理的。尤其要强调的是，对于层次成员更新引起的版本变化，在查询处理时，TAMP 需要对每个版本的数据进行处理，而不是传统的从多版本中选择一个版本的方式。如果是事实表数据更新引起的多版本，TAMP 需要从多个版本中选择一个版本，因为此时的更新往往是覆盖式的更新。

以图 3-5 的星形模型为例。如果在 1996 年 d_customer 表中新增成员(4，Macao，Portugal，Europe，Zhili)①，同时事实表中增加记录(1996，4，534，478)。d_customer 维表成员的增加会导致其 name、city、nation、region 层次相应增加一成员。因当前每一层次的编码位数足够为新插入成员编码，且新成员的插入不会影响现有成员的顺序，故现有成员的编码不变，直接将记录插入现有版本即可，无需产生新的版本。更新后的星形模型数据和其无连接存储模型数据的对应关系如图 3-11 所示。

1999 年后，澳门回归中国。如果此时在事实表中新插入一记录"(20001011，4，634，578)"，由于 date 维度中尚无 20001011 的成员，原有 d_customer 维表中有关 Macao 的信息也已发生改变(变为(4，Macao，**China**，**Asia**，Zhili))，因此不得不对 d_date 维表和 d_customer 维表进行相应修改，并产生新版本的主题实例。d_date 维表中的 year 层次编码原来为 2 位，已不够为 4 个成员编码，故需要为其重新编码。我们为 date 维表中各个受影响的层次重新编码(如图 3-12 d_date 维表中加粗字体所示)。在 d_customer 维表中，也需对 city 维度中的 Macao 成员及 Macao 的子成员 Zhili 进行重新编码，其他层次成员编码不变(可以同之前版本共享编码)。此时，原有的编码体系已经发生了较大改变，产生一个新的主题实例版本，新插入的记录(20001011，4，634，578)直接写入新版本的事实表中(见图 3-12)。

TAMP 模型应用于多版本实例数据上时，同之前单版本的模式相比，有两点不同：(1)在查询转换的过程中，需要一额外的查询

① 此时，澳门(Macao)尚未回归中国。

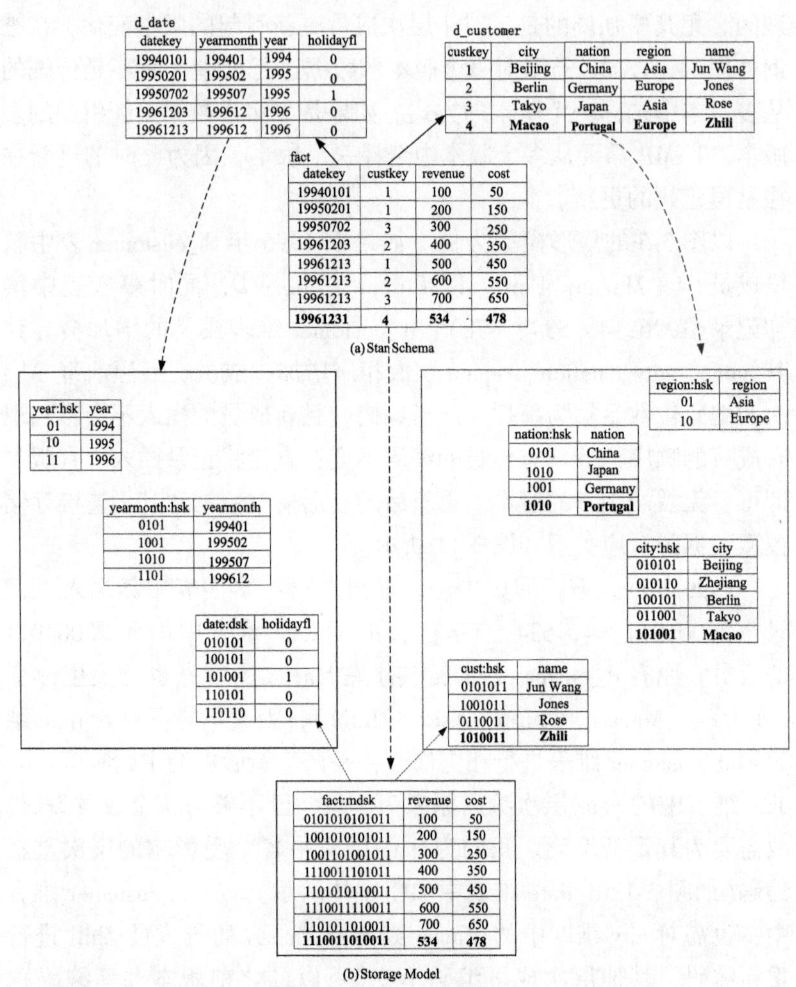

图 3-11　主题实例版本 1

分解操作。在执行转换规则之前，需要先根据该主题模型的不同主题实例，将一个查询分解为多个作用于不同实例版本的子查询。分解的规则依据事实表数据版本而定，一般情况下，一个版本的数据对应一个子查询。查询分解后，每个子查询基于各自的实例版本的数据，根据原有的转换规则进行查询的转换，并将转换后的查询作用在其对应版本的事实表上。(2)在查询合并(Merge)阶段，每个子查询各自执行聚集操作，并对结果集进行合并后，在解码操作之前需要将各个版本的编码替换为最新版本的编码，以完成各个版本的结果集的最终合并及后续处理。以图 3-12 中的无连接存储模型为例，在查询时，需要在两个版本的主题实例数据上同时查询，并将各个子查询的结果合并起来以形成最终结果。

出于空间考虑，本研究可以定期地对多版本的数据进行合并。

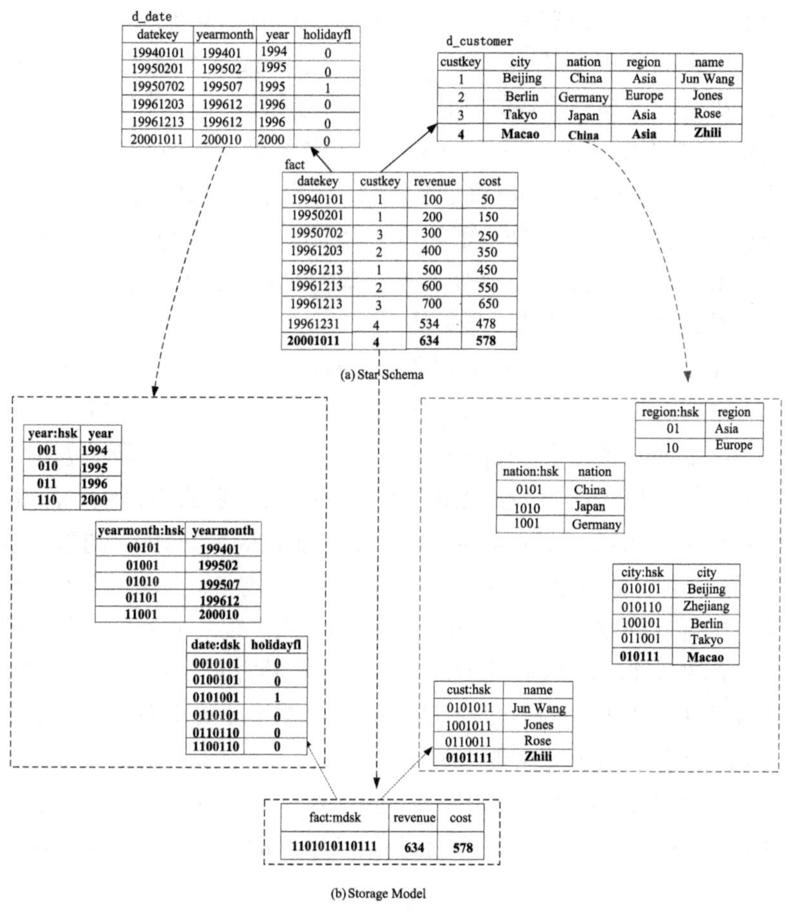

图 3-12　主题实例版本 2

3.8 实验①

本节将对 LinearDB 的性能、加载时间及存储空间等进行分析。实验采用的测试集为 SSB(Star Schema Benchmark)基准测试[59]，数据集为 500GB。实验机群由 14 个节点组成，包含 1 个主节点和 13 个数据节点。每个节点均运行 Ubuntu 10.10 操作系统，配备一个 Intel 酷睿 2 双核处理器、2GB 内存和 140GB 磁盘容量。网络带宽为 1Gbps。本研究选择 Hadoop 和 HadoopDB 作为对比对象。

Hadoop 选择版本为 0.20.2。为了使 Hadoop 发挥出较优的性能，我们对其部分参数的默认配置进行了修改：(1) HDFS 块大小设置为 128MB；(2)每一个 task tracker 的堆大小为 500MB；(3)排序缓冲区为 200MB；(4)每个节点的 map 槽为 2。Hadoop 上的不同连接算法会导致较大的性能差异，为了选择适合 SSB 数据集的最优的 Hadoop 连接算法，在实验前，我们对各种连接算法进行了对比，最终选择了广播式连接算法[42]。

HadoopDB 的数据库采用 PostgreSQL 9.0.2 版本，PostgreSQL 的 work_mem 参数配置为 200MB，share_buffers 参数为 100MB。在同 HadoopDB 对比时，我们采用如下数据分布手段，将所有查询下推到数据层执行：(1)按照最大维表 customer 表的主键 c_custKey 进行事实表和 customer 表的分解，以保证相同 *c_custKey* 的事实表记录和 customer 表的记录位于同一数据节点内；(2)在每个数据库节点复制其他维表；(3)采用手工编码方式实现所有查询，保证所有查询都在 PostgreSQL 数据库中执行。此种方式，对于 HadoopDB 的商业化版本 Hadapt[31]也是最优的。为排除负载均衡等对性能的影响，我们将数据冗余设为 1。

选择 HadoopDB[30] 作为对比对象是出于如下考虑：(1) HadoopDB 是基于 MapReduce 和关系数据库的混合式数据库，在恰

---

① 鉴于智能型存储模型尚未完成开发工作，本章中的 LinearDB 物理组织模型采用 PAX 存储模型。

当的数据分布策略下，可同时具备 MapReduce 的扩展性和关系数据库的性能。(2) HadoopDB 代表 MapReduce 类似系统的最佳性能。大多数情况下，HadoopDB 的性能优于 Hadoop[60] 及 Hadoop++[36]；在本实验中，我们又通过优化的数据分布策略，将所有查询都推入数据库层执行，从而使 HadoopDB 的性能发挥到了极致。(3) 所有查询都在数据库层执行，也从侧面对比了 LinearDB 同关系数据库的性能。

3.8.1　扩展性分析

根据 TAMP 执行模型，可以将 LinearDB 的总处理代价 (TotalCost) 分为四个部分：查询转换代价 (TC)、数据节点聚集代价 (AC)、聚集结果网络传输及合并代价 (MC)，后续处理代价 (PC)，即 TotalCost = TC+AC+MC+PC①。查询转换代价主要用于维表中层次代码的查找操作：从编码后的维表中查找出查询谓词中涉及层次的局部层次码；各个数据节点操作代价主要是对本地数据的 I/O 访问；聚集结果的合并代价和后续处理代价均取决于结果集大小。

由于按照无连接存储模型组织的维表占用空间一般属于 GB 级或以下，我们可以按照 3.4.3 论述，采用全内存操作或基于索引的外存查找，以快速地完成查询的转换。数据仓库查询具有高输入低输出的特点。以 SSB 为例，任何一个查询的输出记录数都在 1000 条以下。因此，即便每个节点按输出 1000 条<key, value>对计算，其传输的数据量仅为 1000×14bytes = 13KB。这在 1Gbps 的普通带宽上也只需 0.1ms 即可完成传输。同时，较小的结果集 (KB 级) 使得结果集合并操作可迅速完成。因此，网络传输和合并操作代价 MC 只会占总处理时间的较小比例。

在整个星形模型中，事实表占据绝大部分空间，因此各个数据节点的处理时间应该占整个查询处理时间的较大比例。每个节点的处理时间主要用于本地事实表扫描操作，因此 AC 应该正比于事实

① 此处去除了 MapReduce 框架的影响，如任务启动时间等。

表数据量，如图 3-13 所示。假设事实表的大小为 F，节点数为 N，则 $AC=f\left(\frac{F}{N}\right)$。图 3-13 显示了 LinearDB 在单节点上执行聚集操作时(输出聚集结果集为 800 条记录的情况下)，其执行时间随数据规模增长的变化情况。从图中可以看出，RC 近似同数据规模成正比。因此可推出，节点数的增加(对应数据规模的下降)，Aggregation 操作执行时间会线性减少。

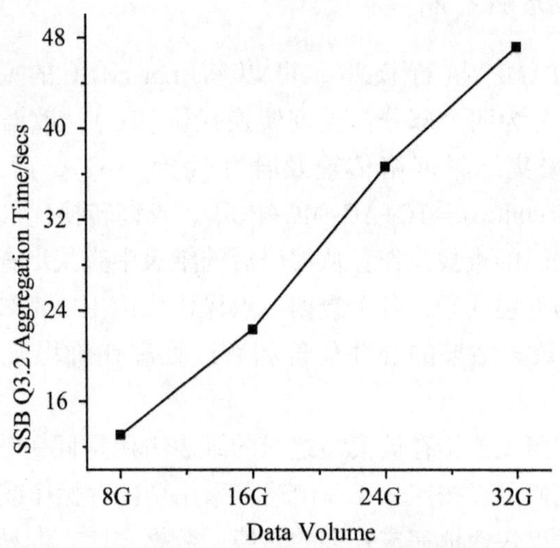

图 3-13　LinearDB 执行聚集操作时间同数据量的关系

基于以上分析，我们对查询转换时间(TC)、合并时间(MC)和后续处理时间(PC)占总处理时间(TotalCost)的比例进行了测试分析。实验采用 30GB 数据集，基于两个节点进行(一个为主节点，一个为从节点)。我们选择 Q3.2 作为测试查询。该查询输出结果集较大(较大的 TC+MC+PC)，同时只涉及一个度量的访问(较小的 TC)，因此依据该查询测出的比例代表较大的(TC+MC+PC)/TotalCost 值。测试结果表明(TC+MC+PC)/TotalCost 值都在 0.12%以下。因此 TotalCost ≈ AC $=f\left(\frac{F}{N}\right)$，说明系统的性能同每个数据节点的数据量基本上是成正比的，也意味着，LinearDB 的扩展性几乎是线性的。

3.8.2 性能分析

1. 顺序扫描性能对比

第一组实验基于 SSB Q2.1～Q3.4 进行，由于本组实验的查询仅操作于一个度量，因此我们关闭了 scan-index 算法和跳跃式扫描算法。

从图 3-14 的实验结果中可以看出，即便将 HadoopDB 和 Hadoop 的性能进行特殊调优，LinearDB（LDB-S）性能仍是 HadoopDB（HDB）的 8 倍、Hadoop（Hdp）的 13 倍。LinearDB 性能优于 HadoopDB 主要得益于<key，value>存储方式和基于扫描的数据处理方式。前者有效地减少了不必要的 I/O，后者降低了查询处理的代价。HadoopDB 在执行 Q3.1 查询时，需要较长时间，主要原因在于该查询选择率较高，导致较高的中间物化代价。关于 LinearDB 第一组查询执行时间较长的问题将在 3.8.3 讨论。Hadoop 执行连接时需要对中间结果进行物化，引入了较高的 I/O 代价，导致其性能低于 LinearDB。

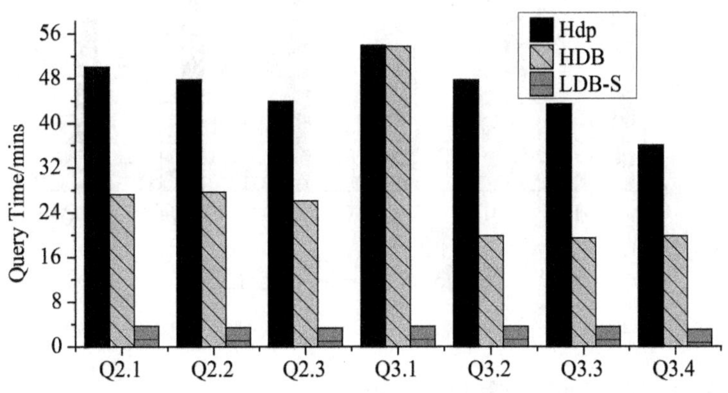

图 3-14 LinearDB、Hadoop 和 HadoopDB 性能对比

2. Scan-index 性能分析

SSB 中的第一组查询和最后一组查询访问了较多的度量列，这种情况下将会使用 scan-index 算法。在这组实验中，我们对 LinearDB 使用 scan-index 算法(LDB-S)和不使用 scan-index 算法(LDB-AS)的性能进行了对比。在 LinearDB 不使用 scan-index 算法，而是采用直接从数据文件中取出对应列值的方式来完成元组的重构。

如图 3-15 所示，LinearDB 性能仍优于 Hadoop 和 HadoopDB，其执行时间分别是 Hadoop 和 HadoopDB 的 13 倍和 6 倍。LinearDB 相对 HadoopDB 的性能优势有所降低，是因为在本组实验里 HadoopDB 没有出现类似 Q3.1 的超长查询。LinearDB 基于 scan-index 算法的执行时间是全列访问方式(LDB-AS)的 40%。这主要得益于 scan-index 和预排序机制。一方面，数据仓库查询往往操作于维度的较高层次，基于 scan-index 的元组重构可以获得较高的数据局部性，减少随机访问代价。另一方面，scan-index 减少了多余的数据访问代价。

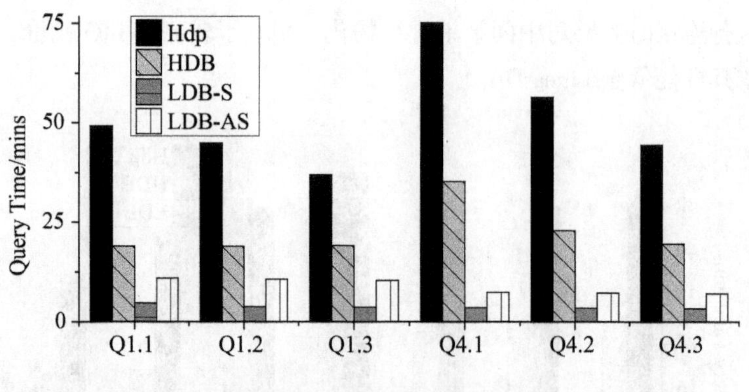

图 3-15　Scan-index 性能分析

3.8.3　跳跃式扫描性能分析

从图 3-16 可以看出，跳跃式扫描(LDB-JS)可以显著提高扫描的性能。跳跃式扫描平均性能是顺序扫描(LDB-S)性能的 13 倍多。第四组查询涉及两个度量，但其总的执行时间同只涉及一个度量的第二组和第三组查询非常接近，说明 scan-index 算法可以有效减少第二个度量扫描的 I/O 量。

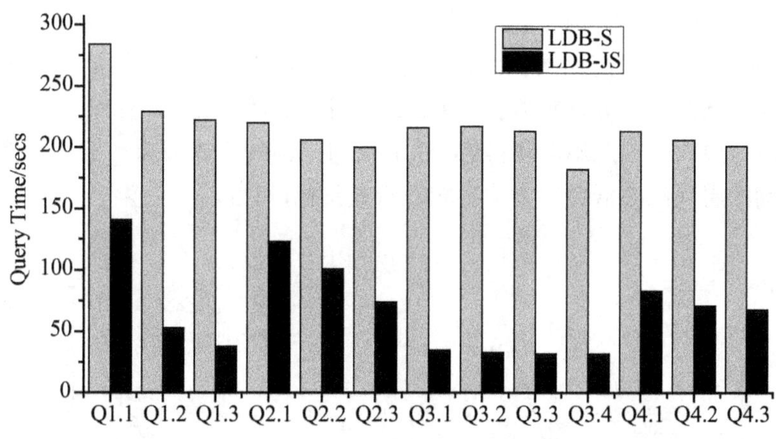

图 3-16 LinearDB 跳跃式扫描与顺序扫描性能对比

还可以观察到第一组查询在基于各种优化算法执行时，时间都是最长的。原因在于第一组查询涉及三个度量，而且只有一个谓词作用于维度层次上，其他谓词均作用于度量上，从而导致初始 scan-index 产生了较多符合谓词的元组，引起较多 I/O。对 Q2.1 查询来说，亦是如此。

查询 Q2.2 执行跳跃式扫描的时间相对较长，原因在于该查询中谓词判断作用于较低层次，排序聚簇后同该查询相关的记录过于分散，导致 I/O 量相对较大。

对此，我们也进行了进一步的验证。基于非压缩数据，对跳跃式扫描处理的数据块占关系总空间的比例(ScanRatio)及各查询的选择率进行了统计对比，如图 3-17 所示。从图中可以看出，跳跃式扫描需扫描的数据块数比例大体上同选择率是一致的：选择率高，扫描的数据块就多；选择率低，扫描的数据块就少。平均只需要扫描 5%(最多需要扫描 25%)的数据块即可完成查询。这也从侧面说明排序后的数据聚簇有效减少了 I/O 访问。然而，从图 3-17 中也可以看到两个异常点：Q2. 2 查询跳跃式扫描的数据块占总数据块的比例远高于其查询选择率，而 Q3. 1 远低于其查询选择率。我们分析这主要是因为两个查询操作的维度的优先级及层次不同：Q3. 1 查询是作用于最高优先级的三个维度(date → supplier → customer)的最高层次，因此排序后的数据可以获得较好的聚簇效果，从而减少 I/O 较多；而 Q2. 2 作用于最低优先级的 part 维度的较低层次，因此不能获得像 Q3. 1 查询一样的聚簇效果。这说明查询的层次的高低会较大地影响跳跃式扫描的性能。

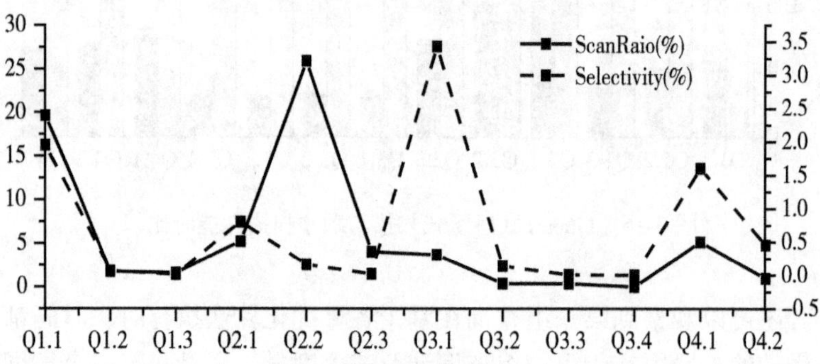

图 3-17　压缩数据跳跃式扫描的数据块占总数据块的比例和查询选择率

3. 8. 4　压缩性能分析

从图 3-18(a)中可以看出，LinearDB 执行顺序扫描(LDB-S)时，压缩数据(LDB-S-C)平均处理性能是非压缩格式的 1. 67 倍，说明前缀压缩算法和批量谓词判断可以有效地提高查询性能。然而，基于压缩数据上跳跃式扫描性能和非压缩数据上的跳跃式扫描性能差别不大(图 3-18(b))，主要原因在于两者的 I/O 量接近。

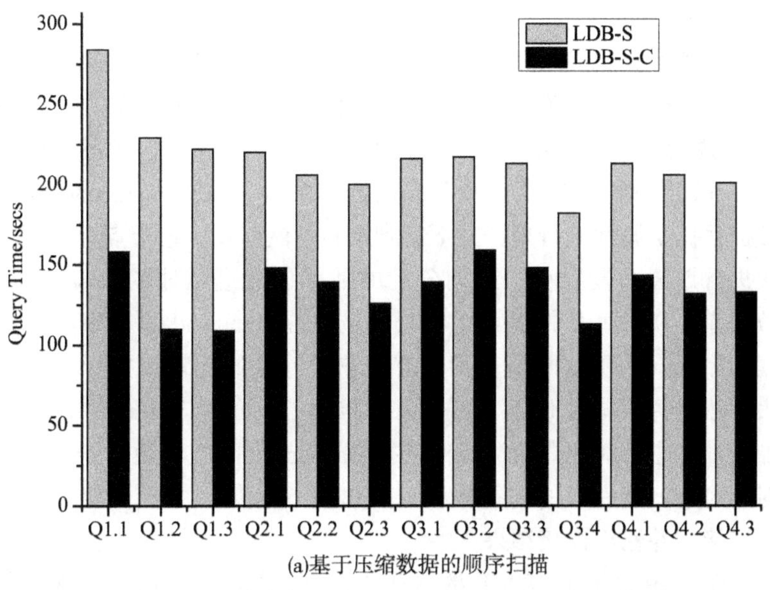

(a)基于压缩数据的顺序扫描

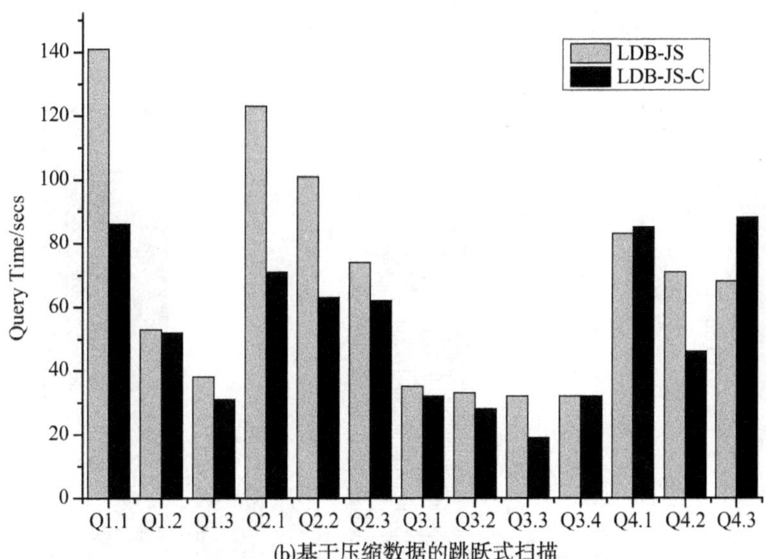

(b)基于压缩数据的跳跃式扫描

图 3-18　压缩性能分析

3.8.5　数据加载时间分析

由于维表加载时间相对较短且恒定，本实验仅以事实表加载时间为例进行讨论。为了加载事实表数据，Hadoop 操作简单，仅需要将数据文件从本地磁盘拷贝至 HDFS 即可。相比而言，HadoopDB 需要三个步骤来完成数据的加载。首先，HadoopDB 将数据根据某属性进行划分并下载到本地，然后在本地节点对数据再次进行划分，最后将本地划分后的数据加载进本地的 PostgreSQL 数据库。LinearDB 按照 2.4 节描述的 StarBatchLoad 进行事实表数据的加载，主要是两个步骤：首先取得外键的代理键并插入事实表，然后将数据以 PAX 格式写出。同时，为了对 LinearDB 的并行加载算法进行对比分析，我们选择 Hadoop 上的 Hive 数据仓库作为对比对象，其完成的功能同 LinearDB 完全相同，主要是执行一星形连接，并输出连接结果。

图 3-19 显示了 500GB 数据集的各自加载时间。由于需加载的

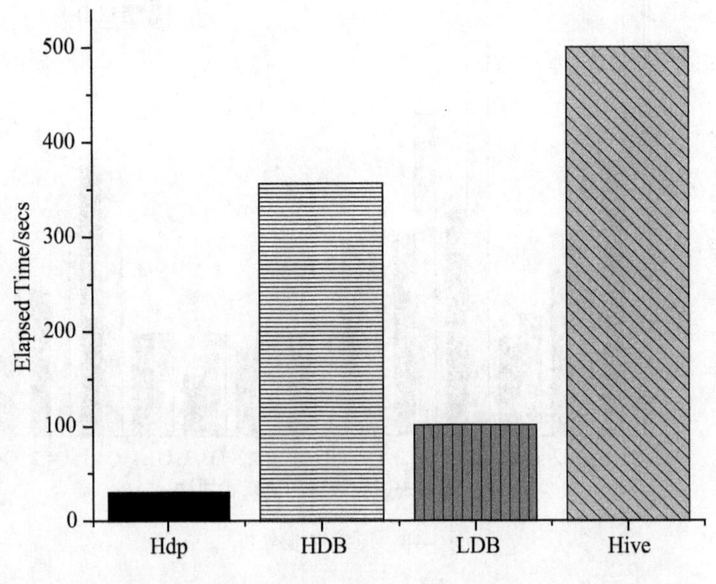

图 3-19　数据加载时间对比

数据已均匀分布于各数据节点，因此加载过程中，各个节点实际是并行操作。从图中可以看出，LinearDB(LDB)的加载时间是Hadoop(Hdp)的3.4倍、HadoopDB(HDB)的29%。LinearDB的加载时间主要用于事实表同维表层次的关联操作，该操作占据整个执行时间的65%。但即便如此，Hive执行同样操作的时间是LinearDB的5倍多。LinearDB优于Hive得益于其并行加载算法采用了轻量级的广播式连接算法，即只需将最低层次的名称信息及代理键下发至各个加载节点，由于该信息所需空间较少，可以完全放入内存，以hash连接方式执行；而Hive按照通常的MapReduce连接算法执行，导致大量中间结果的I/O和网络传输代价。

需要补充的是，尽管LinearDB的加载时间长于Hadoop，但所有的基于该星形模型上的查询都可以得益于预处理操作，因此，其付出的代价是可以在后续查询中弥补回来的。详见3.8.2、3.8.3、3.8.4中有关性能的分析。

3.8.6 存储空间分析

本节实验，我们对比了LinearDB同Hadoop和HadoopDB的存储空间代价。我们使用32GB SSB数据集为测试对象，三种格式均未使用压缩。如图3-20所示，LinearDB(LDB)所占空间比Hadoop(Hdp)和HadoopDB(HDB)分别多出12%和35%。额外的存储空间主要是因为<key，value>存储格式中key的重复存储代价。

3.8.7 批量谓词判断分析

本节选择Q3.1和Q3.3来对批量谓词判断进行分析。之所以选择这两个查询是因为Q3.1谓词简单(仅含一个由两个等值谓词判断组成的合取范式)，而Q3.3谓词复杂(含一个由四个合取范式组成的析取范式)。测试结果如图3-21所示。从图中可以看出，在执行简单谓词判断时，批量谓词判断(BatEva)的性能略低于通常方式(CustEva)。但面对复杂谓词判断(Q3.3)，可以显著地加快谓词判断速度。

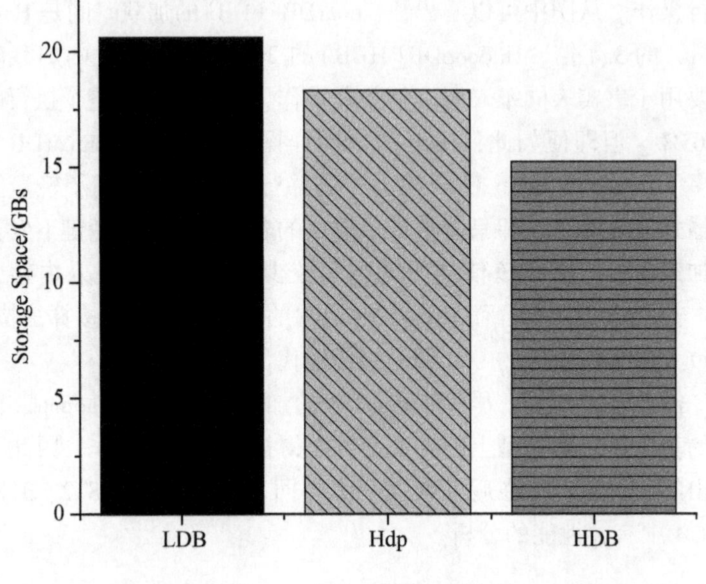

图 3-20　存储空间对比分析

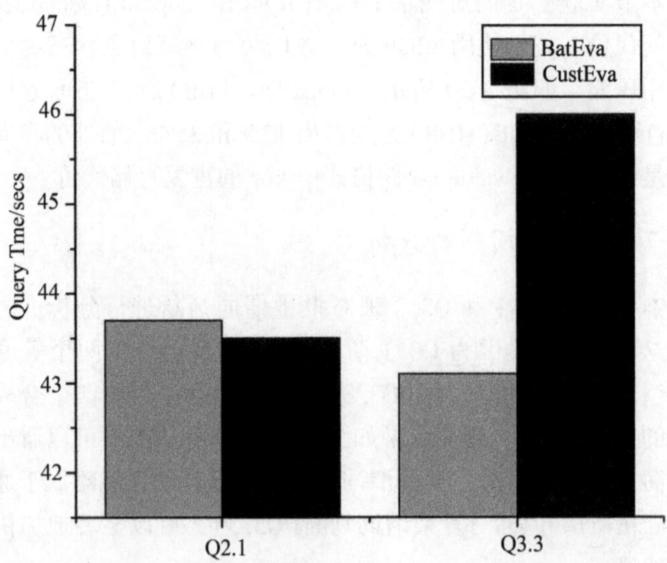

图 3-21　Q2. 1 和 Q3. 3 批量谓词判断性能分析

3.8.8 多版本共存的维表更新协议分析

基于我们的多版本维表更新协议，一次维表的更新操作(insert 插入操作或者 update 更新操作)便将产生一个新版本的模式或者在当前模式版本中插入一个新的代码。由于维表往往比较稳定，较少发生更新操作，同查询操作相比，频度几乎可以忽略不计，并且可以提前在某个特定时段执行，因此我们主要关注维表更新后的查询性能。

为了了解维表更新后对查询性能的影响，本研究采用相同的数据集和查询；为了验证版本数目的多少对性能的影响，我们基于同一数据集，产生了几个包含不同版本数的模式数据。简单起见，我们选择某一特定维度如 c_nation 作为目标待更新维度。N 个版本的数据可以通过更新 1/N 的事实表数据和在 c_nation 中的相应维表记录产生。比如，如果有三个版本的模式数据，每一个版本大概包含 33%的记录数，即 500GB 数据中的 167GB 数据。

我们选择每一组 SSB 查询中的第二个查询作为测试查询。从图 3-22 可以看出，对每一个测试查询，随着版本数的增加，查询

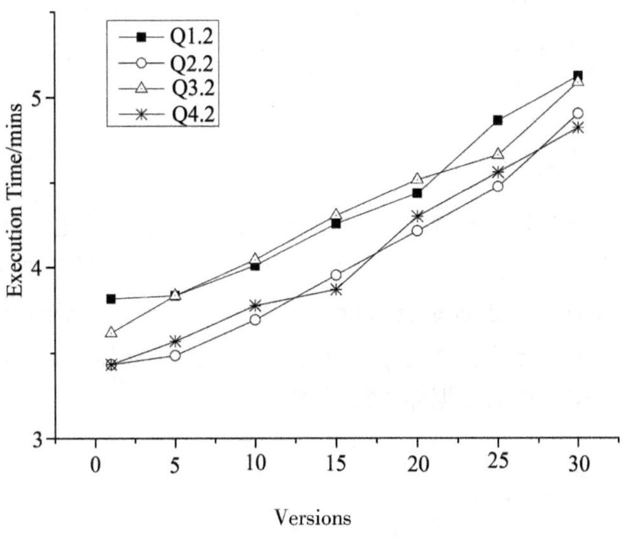

图 3-22 查询性能和模式版本数

执行时间也相应增加；版本越多，其执行时间也就越长。这是合理的，因为每新增加一个版本就会引入一次额外的查询转换操作和一次任务加载操作，从而导致执行时间的增加。但此种问题可以通过简单的定期模式合并来减少(见 3.7 节的讨论)。模式的减少，也可以有效地降低 Hadoop 任务加载时间的耗时。

3.9　TAMP 执行模型的其他应用领域

TAMP 执行框架是一个通用的执行模型，原则上也可以用于其他当前主流的数据分析平台。在此举例如下：

1. RDBMS

TAMP 执行模型本质上是一个执行计划，因此可以直接用于传统的 RDBMS，尤其是 PDBMS。TAMP 可以极大地提升 PDBMS 的扩展性：使用 TAMP 执行框架，我们可以将一个查询分解为众多独立的子任务。每一个子任务都可以基于扫描来完成。此种方式可以使 PDBMS 获得类似 MapReduce 的容错能力——当一个任务失败时，PDBMS 只需重新执行失败的子任务而无需重做整个查询。一个普通的 RDBMS 也可以受益于 TAMP 执行模型，尤其是多路连接。

2. HadoopDB

在 TAMP 执行框架中，事实表独立于维表。因此，可以将维表存储在主节点，而将事实表在各个从节点的数据库中划分，继而将所有查询推入数据库层执行，以此获得关系数据库的高性能特性。此种部署方式，也适用于数据库机群，因为 HadoopDB 本身就是一基于中间件的数据库机群系统。

3.10　本章小结

本章针对 MapReduce 框架的特点设计了新型数据仓库查询处

理框架。借助层次编码技术，将维表层次等信息压缩进事实表，从而消除了事实表与维表之间的复杂连接操作，使得事实表可以独立执行谓词判断、聚集等操作。基于新的数据存储方式，本章设计了基于扫描的数据仓库查询处理框架 TAMP（Transform、Aggregation、Merge 和 Postprocess）。TAMP 依赖于简单的扫描——聚集操作处理查询，从而可以直接应用于 MapReduce 框架。在 I/O 仍是本地计算瓶颈的前提下，我们提出尽可能跳过不相关 I/O 的新优化途径：跳跃式扫描、scan-index 等新型扫描算法。为了加速本地的计算速度，本章还提出了针对数据仓库应用的<key，value>数据存储格式及前缀压缩算法、批量谓词判断算法等。实验分析表明，基于 Hadoop 的原型系统 LinearDB 可以获得近乎线性的扩展能力，在执行 OLAP 查询时，其性能也比 HadoopDB 高出一个数量级。

本章内容发表在 DASFAA 2011 国际学术会议[61]、计算机学报[62]、ISPA 2011 国际学术会议[63]。书中 TAMP 在 Hadoop 上的移植实现及实验数据的产生分别由覃左言、李芙蓉同学合作完成。

第 4 章　高效的智能型 HC 存储模型

传统的基于磁盘的数据库系统利用流水线技术进行查询的处理，性能瓶颈主要在 I/O；MapReduce 基于步步物化的方式进行数据的处理，相比而言，其 I/O 代价更高。因此，I/O 对 MapReduce 的性能影响比磁盘数据库更为明显。为了改善其 I/O 性能，近些年一些研究将关系数据库中的存储模型引入到了 MapReduce 平台，如列存模型的 MapReduce 实现[35]、PAX 存储模型的 MapReduce 实现[34]等，这些工作使得 MapReduce 的性能显著提升。

总结发现，这些面向 MapReduce 平台的存储优化技术均是针对整个数据块，一旦选定某一存储模型，该数据块对应的所有备份块均按此存储模型进行数据的组织，从而只能使部分查询获益。反之，我们从备份块的优化入手，为不同的备份块设计不同的存储策略，期望借助更细粒度的优化，为查询提供最优的动态数据访问路径，以获得更佳的性能。在本章中，我们将讨论如何依照该思想，使 MapReduce 同时从两种列存储模型——纯列式存储和 PAX 存储中获益。

4.1　概述

MapReduce 用简单的扫描——聚集操作及其组合来表达所有的查询，以获得较好的扩展性，依靠中间结果的步步物化来保证容错性，因此 I/O 和网络传输代价是其性能的决定性因素。为了获得较优的数据访问性能，最近两年，关系数据库领域的成熟数据存储模型逐步被应用于 MapReduce 平台[34,35]。正如很多研究所表明的[45,64,65]，在分析领域，列存储以其 I/O 上的优势而在绝大多数情况下优于行存储。同时，对于列存储而言，不同的实现方式将导致不同的性能特征：

1. 纯列式存储(pure column-store)

纯列式存储将一个关系的所有列单独存储，可以对每一列单独进行访问操作。采用这种构建方式，我们可以避免大量不必要的I/O，也可以获得更高的压缩比[66,67]。然而，纯列式存储将引入较高的元组重构代价，尤其是在 MapReduce 平台——每一列存储在独立的文件内，导致同一元组的不同列可能存储在不同的节点上，从而需要在重构元组时付出较高的网络传输代价。为了降低元组的重构代价，文献[35]提出将同一数据集的不同列并置于同一节点。即便如此，纯列式存储的元组重构代价仍是昂贵的。

2. PAX 混合式列存储(PAX-store)

这种存储方式首先在文献[68]中引入。其核心思想是先将一个关系横向切分为多个单元，再对每个单元的数据按列划分，将划分后的数据连续存储，即在单元内实现纯列式存储。这种存储方式在 MapReduce 平台是较易实现的，且能获得较好的压缩率[34]。由于同一元组的所有列值存储在一个单元内，PAX 混合式存储不会引起额外的元组重构代价。该种存储模型的弊端在于它并不能有效避免不必要的 I/O 的访问——即使只有部分列被访问，整个单元也需要被取出。RCFile[34]即为 PAX 存储模型在 MapReduce 平台上的实现。

存储模型的选择是与应用紧密关联的。为了做出正确的选择，我们需要考虑查询的选择率、访问的列数、列的数据类型等因素。关于不同存储模型的比较，关系数据库领域已有大量研究[65,66,69,70]。然而，在一个活跃的业务系统中，数据量持续增长，数据种类繁复，工作负载动态变化，预先确定数据模型在很多情况下是不现实的。例如，对于不同的查询，PAX 存储和纯列式存储的优劣是不确定的。图 4-1 显示了基于 TPC-H 中 Lineitem 表的两个扫描聚集查询(分别访问 4 列和 16 列)的执行情况。实验结果表明，根据查询的特点，动态地选择合适的存储模型，可以极大地提升数据处理系统的性能。

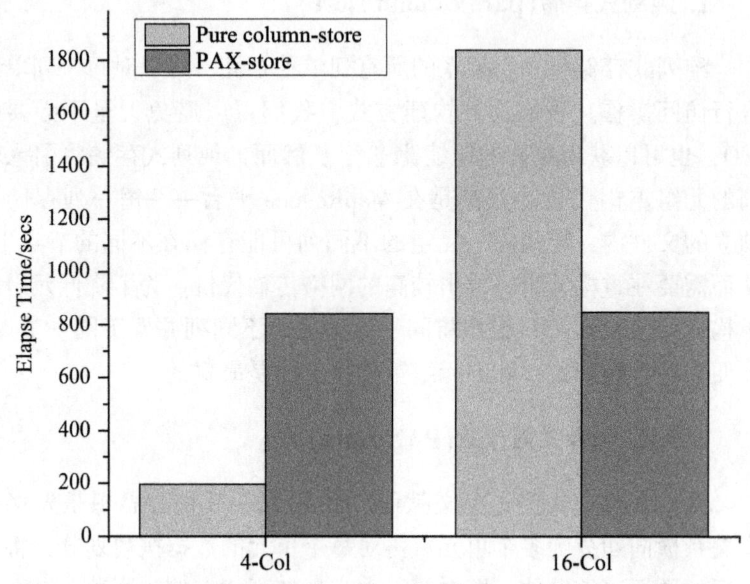

图 4-1　MapReduce 平台两种列存的性能对比

本章提出了智能型混合式列存储模型(Hybrid column-store，简记为 HC 存储)，根据查询的特点动态地选择恰当的存储模型。利用 MapReduce 的冗余机制，HC 存储将不同的冗余块按不同的存储模型进行组织——一些冗余块按纯列式存储，另一些按 PAX 存储。对于每一个 map 任务，HC 存储利用一代价模型，对每种存储格式的数据访问代价进行估计，并选择廉价的路径进行数据的访问。这样的混合式存储模型可以自动适应不同的数据来源和工作负载，MapReduce 开发人员不再需要根据应用提前设定存储模型(实际上，HC 存储可以在应用层实现，无需对 MapReduce 平台做改动。系统可以自动选择存储策略，如冗余块的数量、数据块的放置策略等。以上操作都是对开发人员透明的)。理论上，由于 HC 存储总是能选择较优的存储模型，在性能方面可以同时优于 PAX 存储和纯列式存储。

为了实现 HC 存储，需要考虑如下几个问题：

(1)设计有效的代价模型，以便系统在运行时自动选择较优的存储模型。为了准确估计访问代价，需要考虑一系列参数，如查询的选择率、访问的数据列及每列的数据类型等。工作负载是另一个需要考虑的问题：如果大多数查询都被路由到了某一种存储模型，有可能导致该存储模型的数据所在节点的工作负载过重，此种情况下，采用次优的存储模型也许是更合适的。

(2)为了在 MapReduce 平台上实现纯列式存储，简单地将每一列数据独立存储在单独的文件是不够的。我们必须考虑 MapReduce 分布式文件系统特有的机制，即不能保证同一元组的不同列值存储在同一节点。因此，为了重构一条记录，MapReduce 不得不付出昂贵的网络传输代价。尽管文献[35]基于 MapReduce 平台设计了一种纯列式存储格式而避免了以上问题，但其实现对本研究的 HC 存储是不完备的。例如，本研究需要保证所有的冗余块(尤其是异构的存储块)位于不同节点，否则会影响 MapReduce 的容错能力。此外，本研究需要存储异构数据块的映射关系，以实现在异构的数据块间恢复数据。

(3)默认的 MapReduce 平台认为所有冗余块的存储格式都是相同的。当一个数据块失效时，数据的恢复是直接且简单的。而对于 HC 存储来说，数据的恢复将变得较为复杂。如果某冗余块失效，也许需要从其异构的数据块中恢复数据。这样会带来其他的一系列问题，如是否移动数据、是否重新估计代价等。当需要从远程节点对数据块进行访问时，又需要区分 rack 内和 rack 外两种位置的冗余块，并重新估计访问代价。

本章将讨论本研究针对以上问题提出的解决方案。本研究的 HC 存储模型不仅有效，而且设计清晰简单。其设计保留了 MapReduce 原有的接口，也未带来额外的管理代价。

特别指出，尽管后续的讨论基于开源的 MapReduce 实现 Hadoop 平台进行，但其设计思想及技术是通用的，完全可以应用于其他 MapReduce 平台。而且，虽然本章仅针对两种列式存储进行论述，但其技术是完全可以应用于行存模型等其他存储模型的。

4.2　Hadoop 分布式文件系统概述

Hadoop 框架中各个处理阶段的数据表示如图 4-2 所示。当文件被上传至 Hadoop 分布式文件系统(HDFS)[71]时，首先被划分为不相交的数据块。在图 4-2 的例子中，文件被分为 4 个数据块，分别表示为 B1，B2，…，B4，每个数据块依据某种块放置策略对数据进行备份，每一个备份块分别存储于机群中的不同节点上。值得指出的是，用户可自定义块放置策略。Hadoop 默认的冗余块数是 3，在本例中为每一个数据块备份 1 次(冗余为 2)。为了获得较好的容错性，Hadoop 保证同一个数据块的不同备份存储在不同的数据节点上。

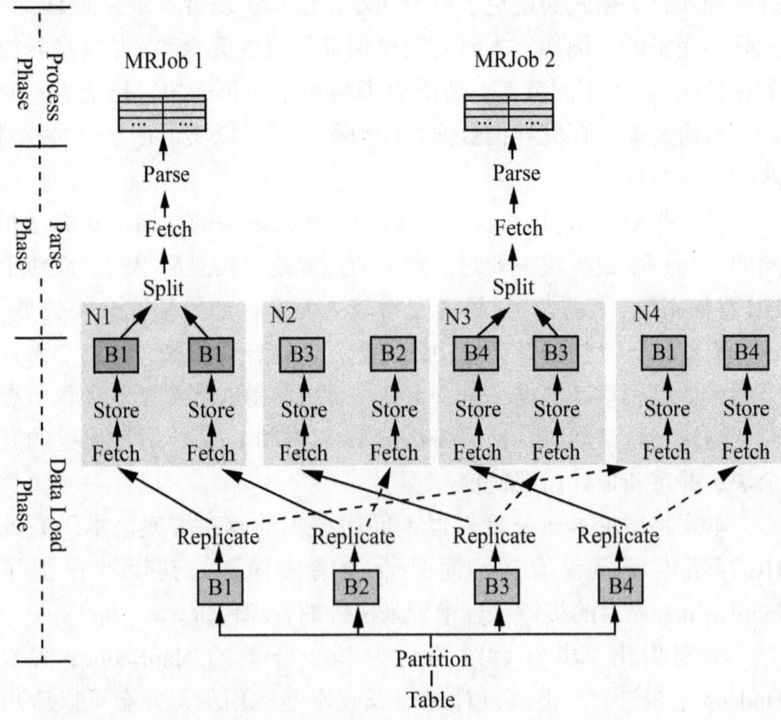

图 4-2　Hadoop 数据的表示

在数据处理过程中，一个作业首先被分解为多个子任务，每一个子任务负责处理输入数据的一个子集，即一个划分。每一个划分通常由一个或者多个数据块组成。在本例中，分配给 MRJob1 的划分包含位于 Node1 的两个数据块。在处理一个划分时，输入的数据块，比如 B1 和 B2，首先被合并，然后解析为记录，解析后的记录被传递给 map 函数进行实际的数据处理。Map 任务的输出被传递给 reduce 任务以进行后续的数据合并操作。如果某 map 任务执行失败，MapReduce 框架会在其备份节点上重新执行该任务。

4.3 相关工作

近两年已有大量关于 MapReduce 平台上的存储模型的研究。由于部分工作已在前言部分有所介绍，这里仅讨论其他的相关工作。Trojan layout[72] 提出将数据块的不同副本按照不同的列组(column group)进行存储的方式。这项工作同本研究最为接近，但有如下显著的区别：(1) Trojan layout 需要提前输入工作负载(查询)，根据负载对列进行组划分，然后为每一种划分指定一种存储模型，冗余块按照不同存储模型分别存储。显而易见，Trojan layout 依赖于工作负载的提前预知。然而现实中，MapReduce 已经成为一流行的数据分析平台，运行着各种各样的分析任务，导致工作负载并不总是可以预测的。而我们的方式相对灵活，针对每个提交的作业，HC 存储会根据当前工作负载实时地选择较优的数据访问路径。(2) Trojan layout 是从物理块级实现混合式存储，需要对 HDFS 进行部分改进。相比而言，HC 存储是文件级的实现，不同的文件代表不同的存储格式。也就是说，HC 存储是从应用层实现的，而不需要对修改 HDFS，并且可以直接应用于其他 MapReduce 平台，如 Hive[29]、Pig latin[28] 等。(3) Trojan layout 块内数据的存储基于 PAX 模型展开，区别是不同备份采用不同的 column group；HC 存储是纯列式存储和 PAX 存储展开，不同的备份块采用不同的存储模型(从纯列式存储和 PAX 存储中选一)。Pig latin 是第一个提出 MapReduce 平台上列存实现的系统。但 Pig latin 不能保证同一元组的不同列位于同一节点上，因此其性能受列组织方式的影响较大。

本研究的存储模型是基于传统的 RDBMS 存储技术的。纯列式存储已在数据库领域研究多年[64,73,74]。当前研究表明，在分析型领域列存储模型优于行存储模型和 PAX 模型，这得益于其较好的 cache 性能和较少的 I/O 访问量[68]。PAX 和 data morphing 基本也是为此目标而提出的，两者都在块级实现了列存，后者可看做前者的泛化。相比较而言，这些存储模型都是面向单节点的存储系统提出的，而 HC 存储是针对基于大规模不可靠硬件上的分布式文件系统提出的。

HC 存储受启发于 fractured mirror [75]。fractured mirror 将数据按块备份，一个备份以行存模型进行组织，另一个以列存模型进行组织，不同存储格式的数据存在不同的镜像磁盘中。与之不同的是，我们将数据存储于 HDFS 分布式文件系统上，在这样的环境下，由于节点的不可靠性，需要更多考虑数据的恢复、列数据局部性的保证等问题。

4.4　智能型混合列式存储模型的设计

本节将介绍智能型 HC 存储模型的设计，包括不同存储格式间的调度、异构容错及两种列存储模型的设计实现。

4.4.1　HC 存储模型

HC 存储的核心设计思想如图 4-3 所示。一个以 HC 存储格式存储的文件至少对应两个冗余，一个冗余以 PAX 方式进行存储，另一个以纯列存方式进行存储。鉴于纯列存格式较 PAX 存储格式具有更多的优势，默认地，本研究设置三分之二的数据块为纯列式存储，剩余的三分之一按 PAX 方式进行存储，此默认比例可以修改。

HC 存储对外提供统一的接口，用户无需考虑底层存储细节，只需以记录为单位进行处理，由 HC 存储系统本身来完成记录的还

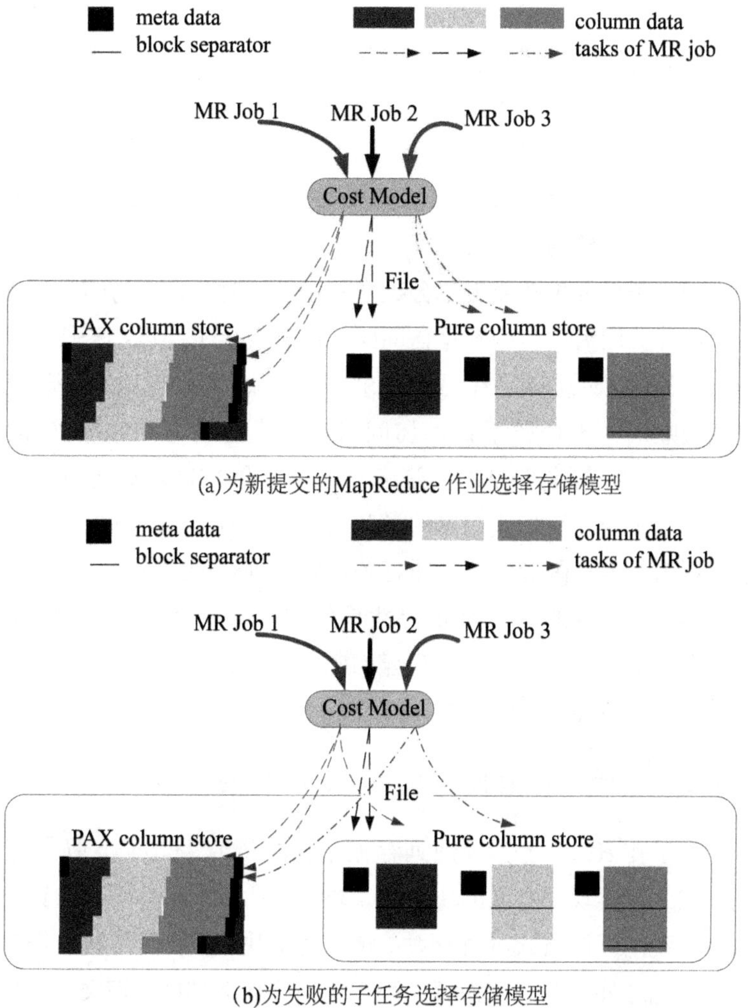

(a)为新提交的MapReduce 作业选择存储模型

(b)为失败的子任务选择存储模型

图 4-3 HC 混合存储示意图

原操作。在基于 HC 存储格式的数据编写 MapReduce 程序时，程序员可以视整个存储为 PAX 存储格式并设置相应的配置参数，如输入文件路径及 split 的大小等。在 MapReduce 执行查询的过程中，如果发现纯列存方式更适合此作业，文件系统会自动将配置参数映射为纯列存的相应参数。

对于每一个提交的 MapReduce 作业，系统基于数据加载过程中收集的统计信息及当前集群的负载情况，对每一种存储模型的代价进行估计，并选择代价估计值最小的存储模型作为其任务的初始输入。如图 4-3(a)所示，代价估计后，MRJob1 的子任务被调度到 PAX 存储格式的备份块上，然而 MRJob2 和 MRJob3 的子任务被调度到纯列式存储的备份块上。

当某子任务失败或者部分数据不可访问时，数据访问代价需要重新估计，因为此时的数据访问路径已经发生了变化：子任务失败时，MapReduce 框架将在另外一个空闲节点上重新执行该子任务；数据失败时，子任务不得不访问另一节点上的冗余块。如图 4-3(b)所示，尽管起初 PAX 存储格式比较适合 MRJob1，但在发生失败时，rack 内的纯列式存储的访问代价可能比 rack 间的 PAX 存储格式更为低廉。因此，部分子任务被路由到纯列式存储。

本研究设计的一个重要特性是保持 Hadoop 现有的实现不变，通过自定义块放置策略来实现异构备份块。其整个设计实现采用类似于 DiskReduce[76]的方式。

4.4.2　纯列式存储模型在 HDFS 上的实现

为了在 HDFS 上实现纯列存模型，本研究采取了类似[35]的实现方式，但实现了自己的块放置策略(见图 4-4)。本研究的策略可以保证不同存储格式的冗余块(异构冗余块)位于不同的数据节点上。除此之外，本研究为每一列存储一元数据文件，该文件主要包含 3 个段：

(1)头信息段：包含该列的数据类型信息，数据压缩算法描述信息，步长信息，其余段在此元数据文件中的起始地址等。

(2)步长偏移量信息段：该段主要用于降低元组重构的代价。它按照一定间隔记录元组的偏移量信息：如果间隔是 10，该段就记录第 10 条记录、第 20 条记录等元组的偏移量信息。定长字段的

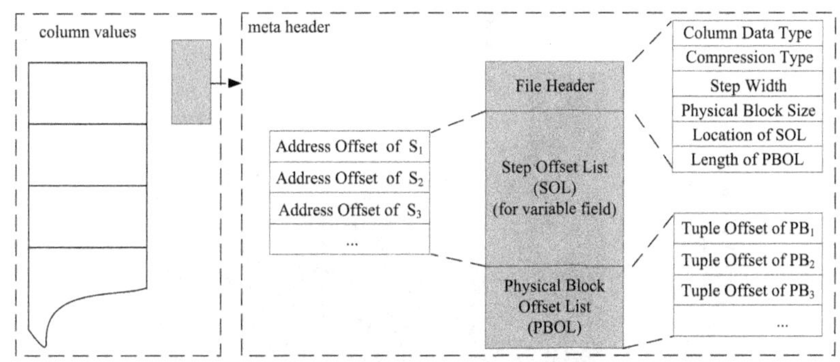

图 4-4 HC 存储中的纯列式存储

偏移量信息可以直接计算(如第 i 条元组的该列值的偏移量可以通过 i×列值的长度计算)，因此此段主要用于变长字段。

(3)物理块偏移量信息段：该段主要用于从异构块中恢复数据。每一项记录一个数据块的第一个元组在所有元组中的序号，如第 i 块的第一条记录是所有元组中的第几条记录。

MapReduce 处理的最小单元是记录。因此，本研究基于纯列存方式处理数据时，需要先执行元组的重构。鉴于 Hadoop 进行连接操作时的低效，基于连接的元组重构并不是一个好的选择，本研究采用基于位置的 scan-index 元组重构算法(见 3.6.4)。

为了优化元组重构，本研究需要为步长偏移量信息段选择一个合适的步长。如果步长过短，元数据信息的访问代价将会较高；如果步长过长，需访问的多余元组的数量将会增加，从而元组重构代价将随之增大。因此，步长值存在一个平衡点。为了找到该平衡点，我们进行了一系列实验来验证步长的宽度对元组重构性能的影响。以一简单的扫描查询为例，记录了步长宽度在 1~500 变化时，对查询所用时间的影响。如图 4-5 所示，步长为 50 时，查询获得最佳性能。因此，在本研究的实验中，步长的默认值为 50。

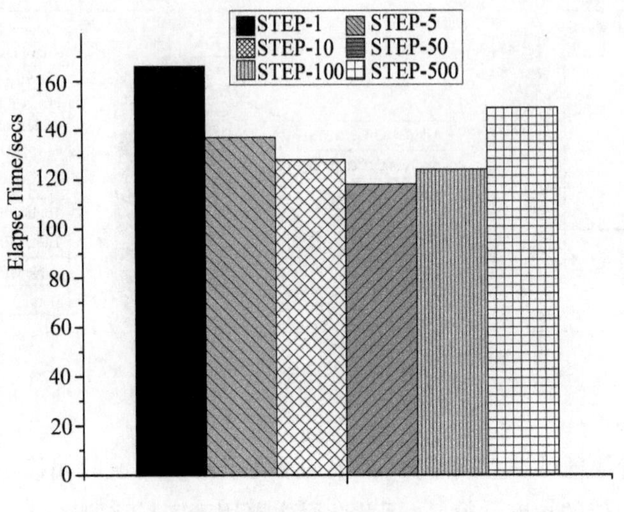

图 4-5　不同步长下的性能对比

4.4.3　PAX 存储模型

本研究的 PAX 混合式存储的设计如图 4-6 所示。同纯列存方式相比，本研究先对数据文件进行横向切分，使每一个划分(数据块)除最后一个数据块外都具备相同的大小。在每一个数据块内，进一步对数据按照列进行划分，以实现块内每一个数据列值的连续存储。每一个在 HDFS 上的数据块都包含两部分：(1)头信息部分：记录块内的元组数、每一列的数据类型及长度等；(2)数据部分：记录属性的数据值。

相比于纯列存模型，这样的 PAX 混合式存储较易实现，近期的一些工作[34,77]已经采用了类似的数据模型。在 RCFile[34]中，每一个文件被存储为多个数据块，每一个数据块包含多个以 PAX 方式对块内数据进行组织的行组(row group)。RCFile 中的一个行组即为图 4-6 所示的一个数据块。

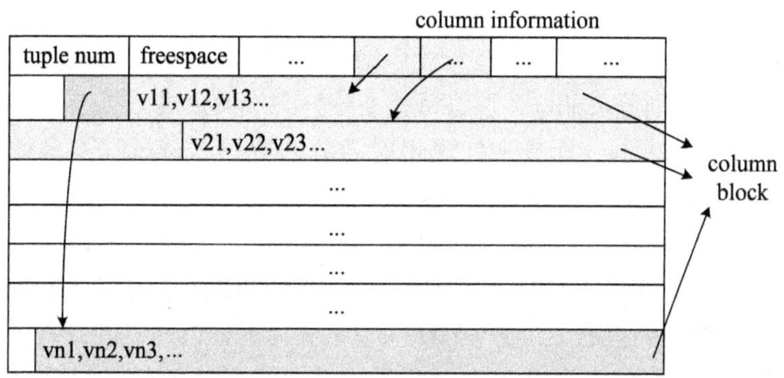

图 4-6 HC 存储中的 PAX 存储

4.5 代价模型

MapReduce 所依赖的硬件平台是不可靠的，随时可能出现网络中断、节点失效等问题。因此从某种意义上讲，其硬件环境是动态变化的。当一个 map 任务执行失败并需要在另一节点重新执行时，该节点往往不得不远程地进行数据访问。在这样的情况下，网络传输可能会取代存储模型而成为性能的决定因素，因为存储模型上的收益可能不足以抵消远程访问的代价。

在多任务并发执行的环境下，工作负载的维护是一个重要的考虑因素。如果大部分任务都被调度到某一存储模型上，会造成该存储模型的数据所在节点负载过重。因此，即便某存储模型更适合某任务，出于工作负载的考虑，将其调度到次优的存储模型上也许是更加明智的。

基于如下原因，本研究的代价模型主要考虑 map 阶段的代价估计：(1) 在大多数情况下，map 阶段的输出列都是必要的，reduce 阶段不会有无效 I/O。因此，行存是最适合中间结果的存储模型。(2) 中间数据的冗余是 1，无法使用 HC 存储格式。

4.5.1　概述

正如 4.2 节提到的，在作业启动阶段，MapReduce 框架需要先对数据进行划分(split)，再将每一划分分配给最近的数据节点，然后该节点启动 map 任务来处理相应划分的数据。该过程本身就是一种基于代价的优化方式，并且站在更高的层次上(计算跟着数据走)。如果在任务的处理过程中发生异常情况(数据不可得或子任务执行失败)，map 任务将转向另一冗余块，或在空闲节点上重新执行。在此种情况下，数据的访问基本变为远程访问，因此需要对代价重新进行估计。基于以上分析，本书将代价的估计分为两部分：全局估计代价和局部估计代价。

全局代价估计用于作业提交时的初始阶段。在此阶段，大多数 map 任务处理的都是本地数据。代价估计模型将对所有 map 任务的平均 I/O 代价和每一存储格式上的工作负载进行估计，并基于此估计值选择最优的存储模型，该模型将会适应大多数 map 任务。根据全局代价估计结果，本研究对选中的存储模型的数据文件进行分割，并启动 map 任务进行数据的处理。

在数据处理的过程中，可能存在两种类型的失败：1)子任务失败，即 map 任务执行失败，需要重启；2)数据失败，即输入数据因网络通信中断、数据节点失效、数据块失效等原因变得不可访问。在异常情况下，map 任务需要重新估计访问代价，来选择输入数据。此时的代价估计由发生异常的 map 任务独立进行，我们称之为局部代价估计。

代价估计中用的参数模型如表 41 所示，其中的 $f(s)$ 和 $j(o)$ 计算方式如下：

$$f(s) = \frac{100}{s} \tag{4-1}$$

$$j(o) = \begin{cases} \mathrm{sz}(o) \times f(s(o)), & f(s(0)) < f^{t} \\ sz(0), & f(s(0)) \geq f^{t} \end{cases} \tag{4-2}$$

跳跃式顺序扫描并不是总是优于顺序扫描，这里存在一个阈值 (f^{t})：当选择率超过该值后，跳跃式扫描性能低于顺序扫描性能；

当低于该值时，跳跃式扫描总是优于顺序扫描。公式(4-2)用于对跳跃式顺序扫描处理的实际I/O量进行估计。(使用I/O量而不是代价，因为代价可以基于I/O量和数据访问速度计算出来，而数据访问速度可能是变化的)。当查询的选择率高于f^t时，我们使用对象的大小($sz(o)$)来表示跳跃式扫描所处理的I/O量(实际为顺序扫描)；当选择率低于f^t时，用对象大小和跳跃式因子($f(s(o))$)的乘积。

表4-1 **代价模型中参数说明**

参数	含义
$sz(o)$	对象o的大小
T	关系T
S	输入划分(Split)
c_i	第i列
sc_i	一个划分内的第i列
bc_i	一个纯列存块里的第i列
r_p	按纯列存存储的数据的冗余系数
r_x	按PAX格式存储的数据的冗余系数
N	MapReduce作业涉及的列的数目
c_{init}	MapReduce作业启动代价
$f(s)$	选择率s下，跳跃式扫描因子
tsj	跳跃式扫描优于顺序扫描的最高选择率值
f^t	选择率为tsj时的$f(s)$值
$j(o)$	$\frac{f(s) \times 顺序扫描执行时间}{R_{io}}$
R_{io}	数据访问速度
R_{rk}	Rack内数据访问速度
R_{tk}	Rack间数据访问速度

续表

参数	含义
p_l	MapReduce 子任务所处理数据位于本地的概率
p_{rk}	MapReduce 子任务所处理数据位于 rack 内的概率
p_{tk}	MapReduce 子任务所处理数据位于 rack 外的概率
$s(o)$	对象 o 的选择率(o 可以是关系或者某列)
$\mathrm{dc}(sz)$	对 sz 大小的数据块的解压代价
bsz	块大小
$m(o)$	对象 o 的元数据块

我们同时派生出另外两个指标来对数据访问速度进行估计——网络传输速度(R_{nw})和平均数据传输速度(R)。其计算方法如公式(4-3)和公式(4-4)所示。

$$R_{nw}=\frac{sz(S)}{\dfrac{sz(S)\times p_{rk}}{R_{rk}}+\dfrac{sz(S)\times p_{tk}}{R_{tk}}}=\frac{R_{tk}\times R_{rk}}{p_{rk}\times R_{tk}+p_{tk}\times R_{rk}} \tag{4-3}$$

$$R=\frac{sz(S)}{\dfrac{sz(S)\times p_{io}}{R_{io}}+\dfrac{sz(S)\times p_{rk}}{R_{rk}}+\dfrac{sz(S)\times p_{tk}}{R_{tk}}}$$

$$=\frac{R_{tk}\times R_{rk}\times R_{io}}{R_{tk}\times R_{io}\times p_{rk}+R_{io}\times R_{rk}\times p_{tk}+R_{tk}\times R_{rk}\times p_{io}} \tag{4-4}$$

公式(4-3)代表了当数据存储于远程节点时其平均的数据访问速度。我们用一个 map 任务的输入数据大小(S)除以其执行顺序扫描的平均时间来对(R_{nw})进行计算。我们将不同数据存储地(rack 内和 rack 外)的访问时间相加，作为总共的访问时间。

同 R_{nw} 的计算类似，我们可以用公式(4-4)计算出整个机群的平均数据访问速度 R。两者的不同在于 R 不仅要考虑远程数据的分布状况，还要考虑本地数据的分布状况，而 R_{nw} 仅考虑远程数据分布状况。

变长字段和定长字段的元数据信息所占空间是不同的，因此其元组重构代价也是不同的。我们使用 $m(i)$（见公式(4-5)来表示对象 i 的元数据信息。如 4.4.2 讨论的，定长字段偏移量可以直接计算出来，因此几乎不需要额外空间来存储其偏移量信息。然而对于变长字段，需要依赖于步长偏移量信息来对元组进行重构，因此需要付出额外的存储空间来存储步长偏移量信息。

$$m(i)=\begin{cases}\text{null}, & \text{column}_i \text{ is fixed field}\\ \text{header}_i, & \text{column}_i \text{ is uariable field}\end{cases} \tag{4-5}$$

4.5.2 全局代价估计

全局代价估计是指估计所有 map 任务的代价，以使大多数 map 任务获得较优的数据访问路径。我们首先讨论在空闲机群上的代价估计，然后考虑负载均衡问题。

假设所有的划分都具备相同的大小和数据分布概率(p_l，p_{rk}，p_{tk})。对于空闲机群上的代价估计，我们使用第一个划分的访问代价估计值来代表所有 map 任务的平均访问代价。

基于 scan-index 的顺序访问按照如下方式进行：在被访问的数据列中，第一列执行全部扫描，其余列基于其前一列的产生的 scan-index 执行跳跃式顺序扫描。因此，其代价包括作业启动代价、第一列的全列扫描代价和其他列基于 scan-index 的扫描代价，可以用公式(4-6)表示如下(q 代表相应的 MapReduce 作业)：

$$C_{pc}^{q}=C_{init}+\frac{sz(sc_1)}{R}+\sum_{j=2}^{N}\frac{j(sc_j)+j(m(sc_j))}{R}\times s(c_{j-1}) \tag{4-6}$$

由于 PAX 混合式存储的每一块实际上为一纯列式存储，因此可以按照纯列存的代价估计方式对每一块的访问代价(C_b^q)进行计算，如公式(4-7)所示。这里我们假设 PAX 混成式存储中采用类似 scan-index 的算法进行元组的重构，同时为了讨论方便，用整列的选择率来表示块内列的选择率。PAX 混合式存储的总代价可以用每一个 PAX 存储块的代价和来表示(公式(4-8))。

$$C_b^{q}=\frac{sz(bc_1)}{R}+\sum_{j=2}^{N}\frac{j(bc_j)+j(m(bc_j))}{R}\times s(c_{j-1}) \tag{4-7}$$

$$C_{xc}^{q} = C_{init} + \frac{sz(S)}{bsz} \times C_{b}^{q} \tag{4-8}$$

对于压缩的数据，除了数据的访问代价外，还需要考虑数据的解压代价。由于解压代价是由数据的大小及解压算法确定的，我们将其估计为一线性函数(公式(4-9))。

$$dc(io) = \alpha \times io + \beta \tag{4-9}$$

其中，α 和 β 由解压算法所决定。基于此，可以按如下方式计算纯列存上的访问代价：

$$C_{pc}^{q} = C_{init} + \frac{sz(sc_1)}{R} + dc(sz(sc_1)) + \sum_{j=2}^{N}\left(\frac{j(sc_j) + j(m(sc_j))}{R} \times s(c_{j-1}) + dc((j(sc_j) + j(m(sc_j))) \times s(c_{j-1}))\right) \tag{4-10}$$

相似地，PAX 混合式存储上的访问代价可以用公式(4-11)估计：

$$C_{b}^{q} = \frac{sz(bc_1)}{R} + dc(sz(bc_1)) + \sum_{j=2}^{N}\left(\frac{j(bc_j) + j(m(bc_j))}{R} \times s(c_{j-1}) + dc((j(bc_j) + j(m(bc_j))) \times s(c_{j-1}))\right) \tag{4-11}$$

$$C_{xc}^{q} = C_{init} + \frac{sz(T)}{bsz} \times C_{b}^{q} \tag{4-12}$$

如上文所言，负载均衡对 Hadoop 的整体性能有重要影响。本研究的代价模型不仅应考虑 MapReduce 作业的静态数据访问代价，还应考虑工作负载的分布情况。为了对每种存储模型上的工作负载状态进行评估，我们主要考虑了每种存储模型的冗余度和当前正在访问该存储模型数据的任务数，并将两者融合为一个工作负载因子，其计算方法如公式(4-13)和公式(4-14)所示。C_{pc}^{load} 表示纯列存的负载因子，C_{xc}^{load} 表示 PAX 混合式存储的负载因子。

$$C_{pc}^{\text{load}} = \sum_{q=1}^{M} \gamma \times \frac{C_{pc}^{q}}{r_p} \tag{4-13}$$

$$C_{xc}^{\text{load}} = \sum_{q=1}^{M} \gamma \times \frac{C_{xc}^{q}}{r_x} \tag{4-14}$$

其中，M 表示在该存储模型上执行的任务的集合，γ 是针对不同调度策略的调整因子。我们使用当前某一存储模型上的所有负载的和来表示该存储模型的负载因子。

基于以上论述，我们可以得出两种存储模型上的综合顺序扫描访问代价，GC_{pc}^{q} 和 GC_{xc}^{q} 分别代表作业 q 基于纯列存模型和 PAX 混合式存储的全局代价估计。

$$GC_{pc}^{q} = C_{pc}^{q} + C_{pc}^{\text{load}} \tag{4-15}$$

$$GC_{xc}^{q} = C_{xc}^{q} + C_{xc}^{\text{load}} \tag{4-16}$$

4.5.3 局部代价估计

在全局代价估计过程中，我们假设所有的 map 任务都选择了最近距离的数据进行访问。然而，当数据块读取失败或者子任务执行失败时，情况就会发生变化。在重新执行子任务时，远程网络传输将不可避免。对于大规模机群，有两种类型的网络访问路径：rack 内的访问和 rack 间的访问。在大多数情况下，rack 内的访问比 rack 间的访问代价要低。

基于纯列存的顺序扫描访问局部代价估计如公式(4-17)所示。同全局估计方式对比，局部代价不包含作业启动代价。同时由于数据基本存在远程节点，将数据访问速度 R 用 R_{nw} 替代。

$$C_{pc}^{q} = \frac{sz(sc_1) + \sum_{j=2}^{N} (j(sc_j) + j(m(sc_j))) \times s(c_{j-1})}{R_{nw}} \tag{4-17}$$

同理，可以得出在 PAX 混合式存储上的局部代价估计(公式(4-18)。C_b^q 也是基于 R_{nw} 进行计算。

$$C_{xc}^{q} = \frac{sz(T)}{bsz} \times C_b^q \tag{4-18}$$

$$C_b^q = \frac{sz(bc_1) + \sum_{j=2}^{N} (j(bc_j) + j(m(bc_j))) \times s(c_{j-1})}{R_{nw}} \tag{4-19}$$

基于压缩数据上的代价可以用如下公式进行估计：

$$C_{pc}^{q} = \frac{sz(sc_1)}{R_{nw}} + dc(sz(sc_1)) + \sum_{j=2}^{N} \frac{(j(sc_j) + j(m(sc_j))}{R_{nw}} \times s(c_{j-1}) + dc((j(sc_j) + j(m(sc_j))) \times s(c_{j-1})) \tag{4-20}$$

$$C_{b}^{q} = \frac{sz(bc_1)}{R_{nw}} + dc(sz(bc_1)) + \sum_{j=2}^{N} \frac{(j(bc_j) + j(m(bc_j))}{R_{nw}} \times s(c_{j-1}) + dc((j(bc_j) + j(m(bc_j))) \times s(c_{j-1})) \tag{4-21}$$

$$C_{xc}^{q} = \frac{sz(T)}{bsz} \times C_{b}^{q} \tag{4-22}$$

进行局部代价估计时，没有必要考虑负载均衡问题：对于子任务失败，MapReduce 框架总是将子任务调度至空闲节点执行；对于数据失败，计算(map 任务)不会移动，因此也不存在工作负载问题。最终的局部代价可表示为(LC_{pc}^{q} 代表基于纯列式存储上的局部代价, LC_{xc}^{q} 表示基于 PAX 混合式存储上的代价)：

$$LC_{pc}^{q} = C_{pc}^{q} \tag{4-23}$$

$$LC_{xc}^{q} = C_{xc}^{q} \tag{4-24}$$

4.6　实验

本研究基于 Hadoop 0.21.0 实现了 HC 存储的原型。在实验中，分析了 HC 存储能否以及可以在多大程度降低作业的 I/O 代价。为达到此目的，我们对比了行存(用 Hive0.7.1[29] 实现)、纯列式存储(见 4.4.2)和 PAX 混合式存储(用 RCFile 实现)。除此之外，也评测了本研究的代价模型的有效性。选用的测试数据集为 TPC-H [78] 500GB 数据。

机群由 9 个计算节点组成，其中一个作为主节点，其余节点作为数据节点。每一个节点配置 2GB 内存、300GB 硬盘、1 英特尔酷睿双核处理器，操作系统为 32-位 Ubuntu 10.10 Linux。同时对 Hadoop 的配置参数进行了如下设置：(1)将 HDFS 的默认 block 大小设置为 64MB；(2)每一个 task tracker 的最大堆大小为 800MB；(3)排序缓冲区(sort buffer)为 400MB；(4)每一个节点配备一个 map 任务槽和一个 reduce 任务槽。本研究使用了 TPC-H 标准测试集，扩展因子为 300。

由于本研究的机群通过一个交换机连接，在代价估计时，设置 rack 外的访问代价等于 rack 内的访问代价。使用的参数的默认值如表 4-2 所示。

表 4-2　**实验中代码模型参数值说明**

参数	值	推算方式
r_p	1	手工配置
r_x	1	手工配置
C_{init}	20s	实际测试
tsj	10	$\frac{100}{s}$，s 为使用跳跃式扫描的选择率阀值
R_{io}	25MB/s	实际测试
R_{rk}	15MB/s	实际测试
R_{tk}	15MB/s	实际测试
p_l	0.9	根据实际的 map 任务的输入数据的分布情况估计
p_{rk}	0.1	根据实际的 map 任务的输入数据的分布情况估计
p_{tk}	0	本实验的节点都在一个 rack 内，故设为 0
α	1	压缩数据上的 CPU 执行时间同数据访问时间的比率
β	0	未使用
γ	1	Hadoop 默认的调度器

接下来，将首先对比不同存储模型的数据加载速度和存储空间，然后评估 HC 混合式列存储对 MapReduce 作业性能的提升情况，主要从选择操作、投影操作、聚集操作和连接操作上来进行分析，最后讨论 HC 存储的容错性。

4.6.1　数据加载和存储空间

对于每一种存储模型，本研究都加载了 300GB TPC-H 数据，并分为非压缩和压缩两种情况进行测试(压缩算法采用 Gzip)。所有存储格式的冗余度均为 2。对于行存格式，将数据写为二进制格式以减少其解析代价。对于 HC 存储，同时写出纯列式存储和 PAX 混合式存储：对于纯列式存储，本研究将数据转换为 4.4.1 描述的列式存储格式；对于 PAX 混合式存储，本研究将 RCFile 的行组大小设为 4MB[34]，并采用类似于文献[46]的方式，利用 HiveQL 将数据转为 PAX 格式。

加载时间如图 4-7 所示。对于压缩的数据，HC 存储和 PAX 混合式存储的效率均低于纯列式存储和行式存储。这是因为 HC 存储同时写出两种格式，但两种格式之间无法使用流水线并行技术，从而导致了较多的随机访问。对于 PAX 混合式存储，在压缩数据之前，它需要先将数据加载为一临时格式，引入了较多的额外 I/O 代

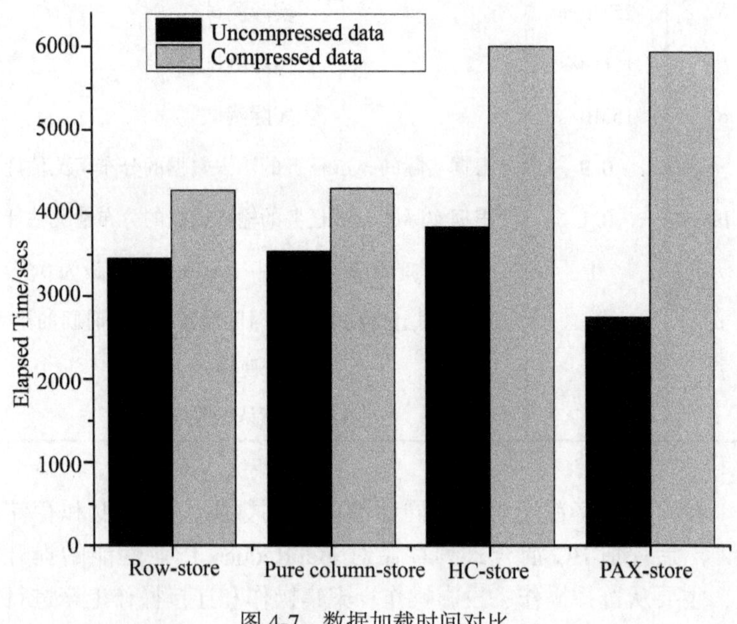

图 4-7　数据加载时间对比

价。对于非压缩数据，HC存储的加载时间同其他存储格式相差不大。

各种存储格式所占存储空间如图4-8所示。当数据未压缩时，所有的列存储模型所占空间都比行存储稍高，这是因为所有的列存储模型都需要付出额外的存储空间来保存元数据信息以加快元组的重构。然而当采用压缩算法时，所有的列存储模型的空间都比行存更加有效，这主要得益于其较高的压缩率。

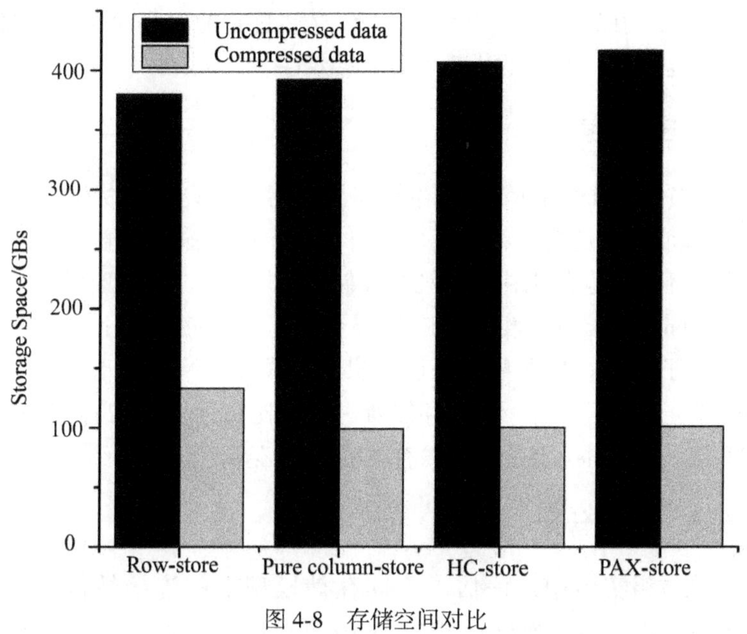

图4-8 存储空间对比

4.6.2 聚集任务

在本实验中，我们对比了不同存储模型上简单扫描——聚集操作的性能。我们选择TPC-H的Q6为测试查询，并且根据测试需要，对其查询的列数进行了调整。

1. 非压缩数据

图 4-9(a)显示了各种存储模型在非压缩数据上运行 Q6 查询时的性能对比结果。当查询涉及的列低于总列数的 60%时，纯列式存储始终占据优势地位，这得益于纯列式存储可以有效地避免无关列的访问。否则，PAX 混合式存储因其较低的元组重构代价而处于优势地位。在所有情况下，HC 存储总是能获得近似最优的性能，这是因为 HC 存储总是能将 map 任务调度到最优的存储模型上。因此，在四种存储模型中，HC 存储总是能获得最佳的性能。该结果也验证了我们的代价模型的有效性。

2. 压缩数据

如图 4-9(b)所示，HC 存储在压缩情况下仍是最优的。从图 4-9可以看出，所有的存储模型都可以从压缩算法中获益，只是获益程度不同。总的来讲，纯列式存储获益最多，其执行时间缩短了 61%。同非压缩方式相比，PAX 混合式存储压缩数据上的执行时间缩短了 24%。从图中也可以看出，列式存储始终优于行存。这是因为：(1)压缩后，列式存储所占空间比行存少；(2)纯列式存储采取 scan-index 算法，可以有效减少不必要元组的访问。

4.6.3　连接任务

在本组实验中，评估了不同存储模型上的连接性能。选择 TPC-H Q10 查询为例进行测试。Q10 需要连接 customer 表(访问八分之七的列)、lineitem 表(访问四分之一的列)和 order 表(访问三分之一的列)。我们使用 HiveQL 来执行此连接。从图 4-10 中可以看出，HC 存储再次超过其他存储模型。这是因为它可以为所有的表选择较优的访问路径。在查询执行过程中，lineitem 表和 order 表访问较少的列，纯列式存储是最优访问路径；而对于 customer 表，PAX 混合式存储是比较适合的。

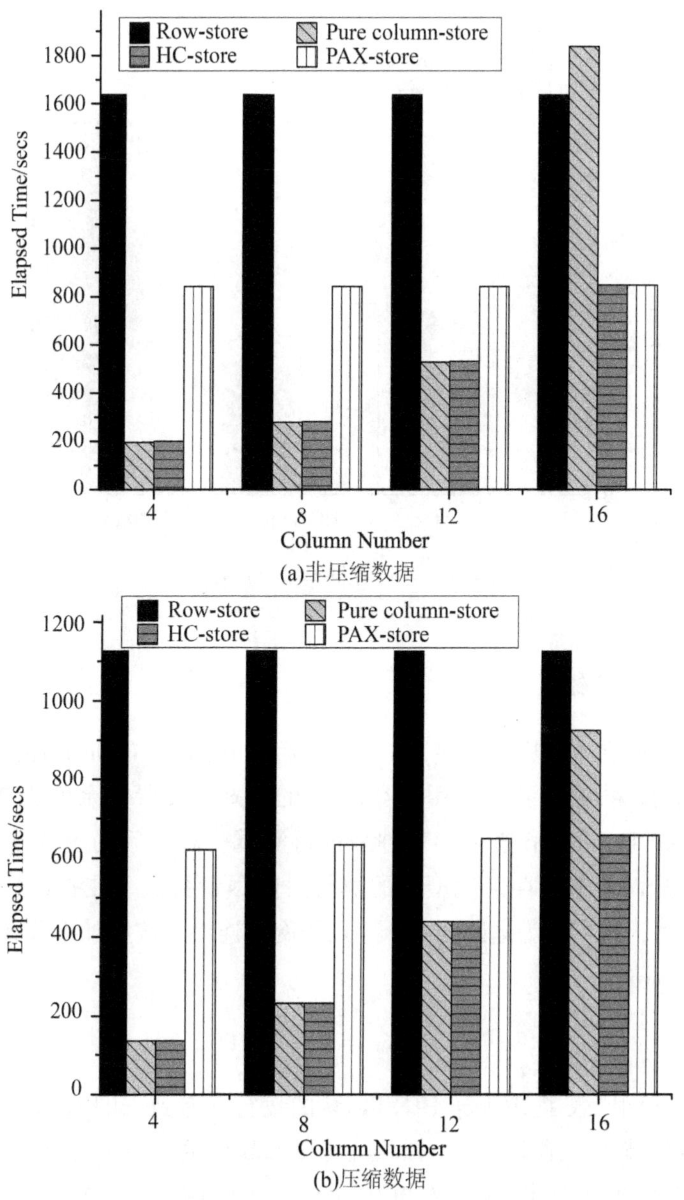

(a)非压缩数据

(b)压缩数据

图 4-9　不同存储模型上的聚集操作性能对比

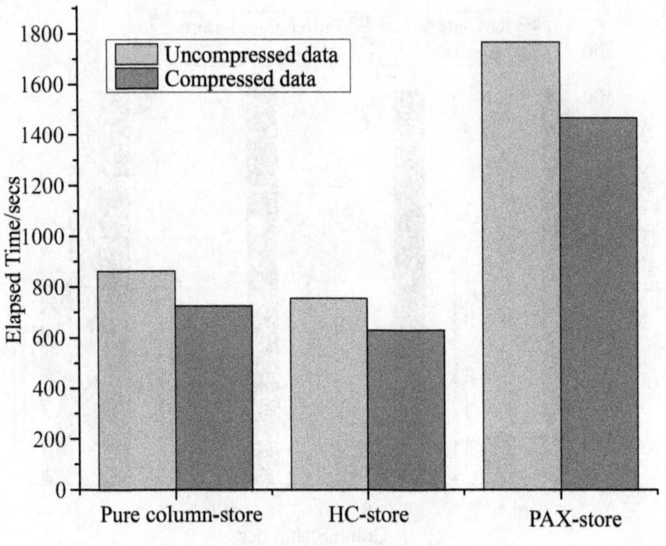

图 4-10　不同存储模型上连接性能

4.6.4　容错

我们在本节中分析使用 HC 存储后的 Hadoop(Hadoop-HC)的容错能力。我们的实验采用了类似[50]的方式，设置冗余度为 2。我们选择 TPC-H Q6 查询的变种来进行测试，修改后的查询涉及 15 列，从而使不同存储模型上的执行时间尽量接近。在查询执行到 50%时，我们人为地断掉一个节点的网络连接。按照如下公式计算 slowdown。

$$\text{slowdown}=\frac{(f-q)}{q}\times 100$$

我们比较了 Hadoop-HC 和默认的按行存储数据的 Hadoop 平台的容错能力。结果显示，Hadoop-HC 和默认的 Hadoop 的任务执行时间分别发生了 28% 和 20% 的增长(如图 4-11 所示)，表明 Hadoop-HC 可以获得类似 Hadoop 的容错能力。默认 Hadoop 的增长时间较[50]中偏多，是因为我们的实验采用了较低的并发度——

每一个节点只启动一个 map 任务，导致每一个 map 任务的粒度较大，任务一旦失败，需重做的工作量较大。HC 存储在容错方面逊于默认的 Hadoop 也是可以预见的：重做的任务只能在次优的存储模型上执行，导致其执行时间偏长。

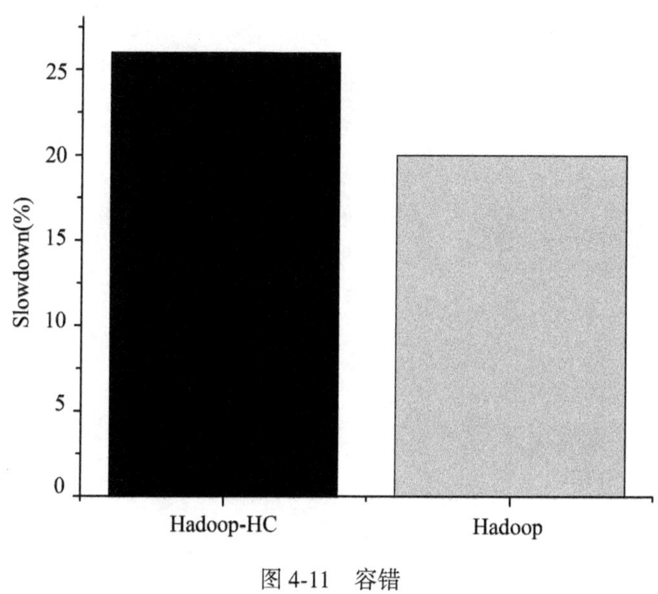

图 4-11 容错

4.7 本章小结

MapReduce 平台已经成为大数据分析的主流平台之一，各种应用基于它开展。由于不同的应用适用不同的存储模型，我们提出了智能存储模型的思想——HC 存储模型。HC 存储模型将一个文件同时存储两种格式，一个为纯列式存储，一个为 PAX 存储，并根据查询特点，用一代价模型来确定其最优的访问路径。我们基于 Hadoop 分布式文件系统，实现了 HC 存储，并通过大量实验验证了其有效性。实验结果表明，同传统的存储模型相比，HC 存储总是可以获得近似最优的访问性能。

本章内容发表在期刊 *Frontiers of Computer Science*[79]，系统实现及实验部分与李芙蓉同学合作完成。

第5章　面向大规模属性图的超图立方体

5.1　概述

属性图(attributed graph)，因其强大的表达能力被广泛应用于互联网、传感器网络和社交网络(如 Facebook、LinkedIn、Twitter)等各种信息网络中[80]，以对目标网络进行建模。其通常的建模方式为：每个对象被表示为一个“节点”，对象相关信息被表示为“节点属性”；任何两个对象之间的关系被表示为两点之间的“边”，关系信息被表示为“边属性”。通过对一个信息网络的属性图进行分析，我们可以准确、直观地获得对现实世界的洞察，预测信息网络中蕴含的规则/规律的演变，以改进我们的决策。

图5-1描述了一个典型的社会网络例子。一个社交网络通常包含丰富的用户个人信息(如用户简介)和关系信息(如用户之间的联系)。图5-1为表现此类应用的一个简单属性图。图5-1(a)表示了属性图的内部结构，包括9个节点和17条边，其中每个节点代表一个有用户编号(ID)的用户个人，每条边代表两个用户之间的联系。图5-1(b)为描述用户简介信息(包括性别、国籍和职业)的节点属性表。图5-1(c)则为边属性表。边属性表描述了用户之间的关系，包括用户之间产生联系的日期，以及关系的类型和强度，其中sV和tV为每条边的两个节点编号。

学者们对各种传统的图分析问题如最短路径、节点中心性、模式匹配等进行了大量研究并得到了众多有价值的研究成果。但是，对属性图在知识发现和决策方面的独特潜力关注较少。本部分对属性图可能提供的OLAP(在线分析处理)查询分析功能进行深入研究。

基于属性图的查询可归为如下三类(以图 5-1 的属性图例子进行讨论):

第 1 类：节点属性或边属性上的查询。这一类查询的问题能够通过节点属性或者边属性两者之一得到回答。以图 5-1 为例，此类查询的例子可以是“网络中不同职业用户的百分比是多少?”和“2012 年新增了多少对关系?”

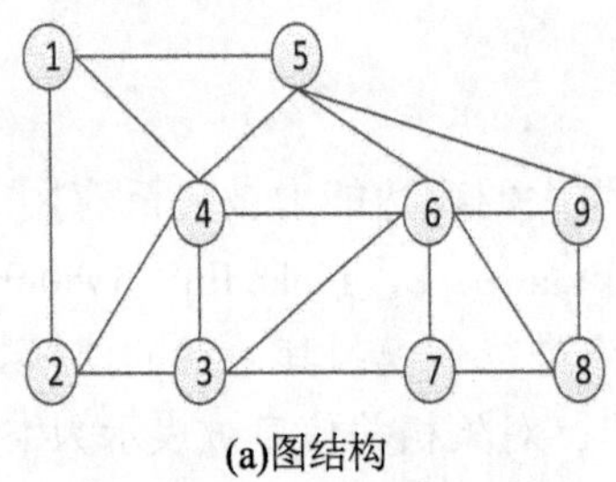

(a)图结构

ID	Gender	Nation	Profession
1	male	USA	professor
2	female	USA	doctor
3	male	China	engineer
4	male	SG	engineer
5	female	SG	professor
6	male	SG	doctor
7	female	China	engineer
8	female	China	doctor
9	male	USA	doctor

(b)节点属性表

sV	tV	Date	Type	Strength
1	2	2008	Family	9
1	4	2010	Friend	7
1	5	2011	Colleague	9
2	3	2011	Friend	7
2	4	2011	Friend	4
3	4	2008	Friend	8
3	7	2011	Colleague	8
3	6	2012	Family	3
4	5	2009	Family	9
4	6	2010	Friend	6
5	6	2010	Family	8
5	9	2012	Friend	8
6	7	2008	Friend	7
6	8	2012	Colleague	9
6	9	2012	Friend	5
7	8	2011	Friend	5
8	9	2012	Colleague	8

(c)边属性表

图 5-1　属性图示例

第 2 类：整合节点属性和边属性的查询。此类查询需要对节点和边两者的信息整合后才能进行回答，例如“最近 3 年美国用户与中国用户之间关系趋势是什么?”

第 3 类：基于属性图的多维查询分析。在此类查询中，用户需要查看针对某信息维的粗粒度概要图(聚合图)，例如“根据性别和用户间联系类型产生的用户分组图是什么结构?”与前两个类型不同，用户通过这个查询希望得到的结果是一张如图 5-2(a)所示的聚合图。在基图过于庞大，难以直接查看时，此类查询提供了精练的概要信息，可以让用户更容易地获取信息。

目前对于规模较大的属性图，在基图上处理这些查询的代价十分高昂。因此，如何开发有效的方法以更好地支持基于属性图上的 OLAP 查询和分析就显得格外重要。本章采用一种双管齐下的方法来解决这个问题。首先，我们注意到，传统的数据立方体已成功应用于 RDBMS(关系型数据库管理系统)中，有效地提高了 OLAP 查询速度。但是传统数据立方体模型对于属性图并不适用，因为它不能表现图结构。因此，我们需要设计一种新的概念图立方体模型来对上述三类查询提供支持。其次，对于大型属性图，并行处理可以有效地确保响应时间在可接受范围内。因此我们需要为图立方体模型开发可扩展的并行查询处理方案。

近年来，研究者提出了包括 Pregel[81]、GraphLab[82]、Power Graph[83]等多种分布式图处理系统。它们使用以节点为中心的整体同步并行计算模型(bulk synchronous parallel model)来进行数据的处理，其中各节点通过彼此之间的联系或编号发送消息进行通信。这些系统是专门为需要迭代式遍历的图处理操作设计的，如页面排行、最短路径、二分图匹配、半聚类等[81]。在这些方面，分布式图处理系统有一定的性能优势。但是这些技术在计算图立方体时，代价昂贵，因为会引入较高的通信代价——从特定节点发出的带有属性值的消息需要通过全图去寻找带有相同属性值的节点与边。与节点为中心的处理模型相比，MapReduce(MR)计算范式已被证明能够有效、可扩展地支持不需要多次迭代的聚合式操作[13]。下面将会看到，图立方体计算正属于此类操作。同时，MapReduce 在大型图数据挖掘中的成功应用[84,85]证明了 MapReduce 的确更加适合 OLAP 立方体的计算。

综上所述，本研究的目标是开发一种新的面向属性图的图 OLAP 和仓库模型，并借助 MapReduce 平台实现一高效的并行 OLAP 系统。本研究的主要贡献概括如下：

(1)提出 Pagrol 并行图 OLAP 系统，能够为基于大型属性图的决策分析提供有力支持。为了支撑属性图上的 OLAP 查询，Pagrol 提出了一种新的概念图立方模型——超图立方体(Hyper Graph

Cube)，能够用一个模型支撑前述的三种查询类型。此外，该模型还支持对属性图进行一系列新型的 OLAP 上卷与下钻操作。

(2)为解决在 MapReduce 方式下图立方体的高效运算的问题，提出了多种优化技术，包括：自包含式连接(self-contained join)技术、单位立方体分批(cuboid batching)算法、基于代价的批处理(cost-based batch processing)技术等。

(3)提出一套高效的立方体物化方法 MRGraph-Cubing，使用上述技术来处理 Pagrol 中的大型属性图。MRGraph-Cubing 能够只用两个 MapReduce 任务就完成整个图立方体的物化过程。据我们所知，它是首个用于大型属性图的并行图立方化解决方案。

(4)使用真实与人工数据集进行了大量的测试实验。结果表明 Pagrol 可行、高效，并具备高度的可扩展性。

本章的结构安排如下：5.2 节讨论相关工作；5.3 节提出 Pagrol 使用的超图立方体模型，并对支持的查询和 OLAP 操作进行讨论；5.4 节引入一种基本的基于 MapReduce 的超图立方体计算模型；5.5 节给出 Pagrol 使用的高效 MRGraph-Cubing 超图立方体物化计算方法；5.6 节展示并分析实验结果；5.7 节对本章内容进行总结。

5.2　相关研究

1. 数据立方体

在传统的数据仓库系统和 OLAP 中，数据立方体作为一种强大的工具得到了广泛应用[86]。众多学者已经在基于集中式系统或节点数量较小的情况下[87-89]以及在 MapReduce 系统上[90-92]提出了大量高效的立方体物化算法。不过由于传统的数据立方模型没有考虑图的结构，这些现有算法不能直接用于图立方体的计算。

2. 图的概化和简化

本章的研究与其他图的概要或简化方面的研究有关。例如文献

[93]提出通过保留一个带有图拓扑特征的“骨架”来对图进行简化。又例如文献[94]提出通过提取图的简单特征如度数和热点等来获得图的概要。图聚类[95]是另一种根据不同的分区对图进行概要的方法。但是这些研究大都只关注无标签图(unlabeled graph),难以对图结构从多个不同角度进行分析。文献[96]是最接近图OLAP的研究，其对象也是属性图。该文献提出了SNAP操作和限制条件更少的k-SNAP操作，后者能够根据用户输入的属性、关系和k值将图概要为k个聚类。k-SNAP和Pagrol的区别在于上卷/下钻的方式。在k-SNAP中，这些操作是通过减少或增加k值实现的，会使获得的聚类数量发生变化。而在Pagrol中，这些操作是根据属性图中维度的层次结构进行的。

3. 图 OLAP

Chen等人提出了一种高层次OLAP框架，把OLAP分为两类：信息性OLAP(I-OLAP)和拓扑性OLAP(T-OLAP),并主要探讨了I-OLAP[97]。I-OLAP通过对一组相似图进行叠加来获得一张概要图，而T-OLAP根据一张图的拓扑结构获得概要图。本章的超图立方体方法属于T-OLAP，但是算法与文献[97]没有可比性。文献[98]提出了一种T-OLAP框架，并讨论了OLAP操作的两种方法拓扑分布性(T-Distributiveness)和拓扑单调性(T-Monotonicity),但是这些研究都没有给出具体的图立方体模型。文献[99]提供了一种多维网络的图立方体模型，但其中只有节点具有属性。文献[100]提出了一种HMGraph框架，支持多维信息网络上更多的维度和操作，不过其关注重点还是在节点维上，并未考虑网络图中边维上的属性。超图立方体模型中的节点和边都具有属性，因此比文献[99]和文献[100]中的模型更有一般性。其他文献也从不同方面对图OLAP进行了研究，例如文献[101]演示了一种针对信息网络的以话题为导向的、集成的多维数据组织方案。文献[102]提出了一种图数据模型以及一套支持n维计算的“扩展SPARQL”查询语言。不过现有研究都没有提出用于并行图立方体物化的算法。

5.3　超图立方体模型

属性图能够通过为每个节点与边添加属性来表现各种信息网络。下面首先给出属性图的正式定义。

定义5.1(属性图)　属性图 G 可被表示为 $G=(V, E, A_v, A_e)$，其中 V 为节点集，$E \subseteq V \times V$ 为边集，$A_v=(A_{v1}, A_{v2}, \cdots, A_{vn})$ 为 n 个节点特有属性的集，即 $\forall u \in V$，存在一个多维元组 $A_v(u)$，表示为 $A_v(u)=(A_{v1}(u), A_{v2}(u), \cdots, A_{vn}(u))$，并且 $A_e=(A_{e1}, A_{e2}, \cdots, A_{em})$ 为 m 个边特有属性的集，即 $\forall e \in E$，存在一个多维元组 $A_e(e)$，表示为 $A_e(e)=(A_{e1}(e), A_{e2}(e), \cdots, A_{em}(e))$。

定义5.2(节点维)　对于如定义1的属性图，n 个节点特有属性的集 $(A_{v1}, A_{v2}, \cdots, A_{vn})$ 称为节点维(vertex dimensions)，简称V-Dims。

定义5.3(边维)　对于如定义1的属性图，m 个边特有属性的集 $(A_{e1}, A_{e2}, \cdots, A_{em})$ 称为边维(edge dimensions)，简称E-Dims。

例如，在如图5-1所示的属性图中，每个节点关联有三个节点维 (A_{v1}, A_{v2}, A_{v3})，即(Gender, Nation, Profession)，而每条边关联有三个边维 (A_{e1}, A_{e2}, A_{e3})，即(Date, Type, Strength)。

在属性图数据仓库系统的场景中，还可以把与图结构有关的特征提取出来，变成分析用的维度。例如为了聚合的需要，可以提取节点的度数作为节点维。这样可以拓宽属性图数据仓库系统的用途，支持更多的查询类型。

为了支持第1类查询，可以仅根据节点维或边维中的一种来对数据进行聚合，并忽略图结构，这样与传统的数据立方体计算非常相似。具体而言，就是对维值相同的元组进行归类，通过特定聚合函数计算出聚集视图。这里的聚合函数可以是节点数、边数、节点中心性、度数、直径等。这个过程基本上就是按照节点维或边维构建两个单位立方体。我们分别称基于节点维和边维的聚合为节点聚合(V-Agg)和边聚合(E-Agg)。例如，基于图5-1中节点和边属性计算出的节点聚合和边聚合，可以用图5-2(d)中左侧和右侧的格

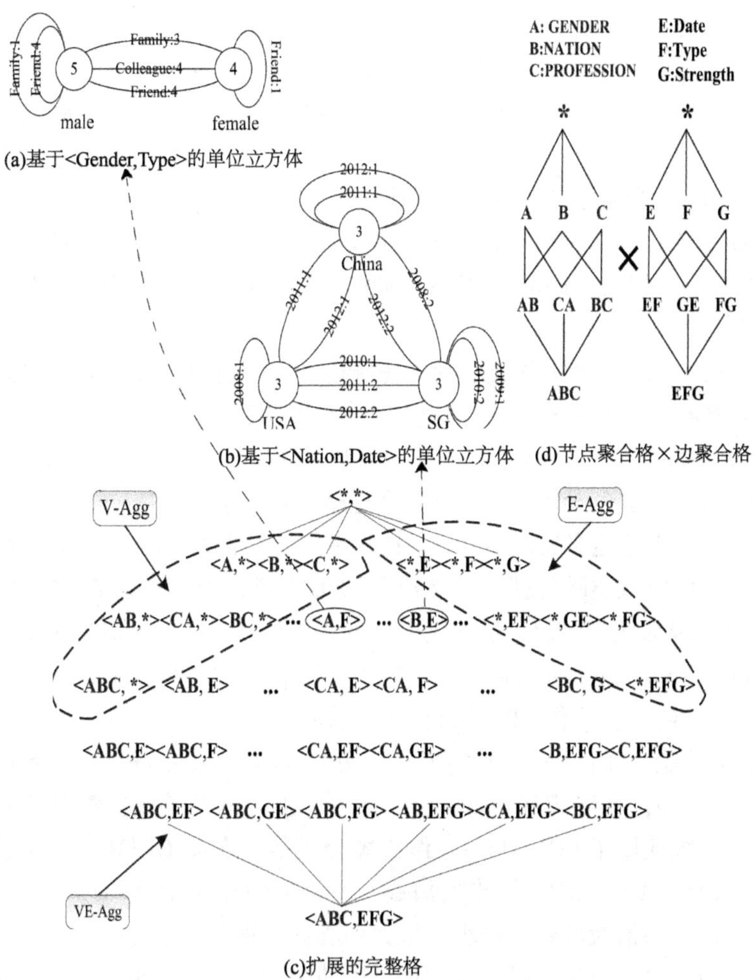

(a)基于<Gender,Type>的单位立方体

(b)基于<Nation,Date>的单位立方体

(d)节点聚合格×边聚合格

(c)扩展的完整格

图 5-2 超图立方体的格与聚合单位立方体

(lattice)表示。

不过，为了实现对第 2、第 3 类查询的支持，可以从两个方面对图进行聚合：在维持图结构的前提下，基于节点维对节点进行聚合和基于边维对边进行聚合。这样聚合操作的结果是一个聚合图，其定义如下：

定义 5.4(聚合图)　给定属性图 $G=(V, E, A_v, A_e)$、可能的节点聚合 $A'_v=(A'_{v1}, A'_{v2}, \cdots, A'_{vn})$，和可能的边聚合 $A'_e=(A'_{e1}, A'_{e2}, \cdots, A'_{em})$，其中 A'_{vi} 等于 A_{vi} 或 * 任意属性值，A'_{ei} 等于 A_{ei} 或 *，则关于 A'_v 和 A'_e 的聚合图为一权重图 $G'=(V', E', W'_v, W'_e)$。其中，

(1) V' 为凝聚节点的集，每个节点都与一组节点 $G_v(v')$ 有如下关系：$\forall u \in V$，有且仅有一个 $u' \in V'$ 使 $A'_v(v)=A'_v(v')$ 且 $v \in G_v(v')$。v' 的权重 $w(v')=\Gamma_v(G_v(v'))$，其中 $\Gamma_v(\cdot)$ 是一个节点聚合函数。

(2) E' 为凝聚边的集，其中每条边都与一组边 $G_e(e')$ 有如下关系：$\forall e=(u, v) \in E$，有且仅有一个 $e'=(u', v') \in E'$ 使 $u \in G_v(u')$，$v \in G_v(v')$，$A'_e(e)=A'_e(e')$ 且 $e \in G_e(e')$。e' 的权重 $w(e')=\Gamma_e(G_e(e'))$，其中 $\Gamma_e(\cdot)$ 是一个边聚合函数。

注意上述定义要求 A'_v 和 A'_e 中至少有一个维度不是任意属性值。

我们称该类同时基于节点维和边维的聚合为节点边聚合(VE-Agg)。根据定义 5.4，我们还分别称 A'_v 和 A'_e 为基于维的节点组(vertex group-by dimensions，记作 VD)和基于维的边组(edge group-by dimensions，记作 ED)。在图 5-1 示例的基础上，图 5-2(a)和图 5-2(b)展示了两种聚合图的例子，分别基于<{Gender，*，*}，{*，Type，*}>①和<Nation，Date>。在两个例子中，都对节点维和边维使用了 COUNT(·)作为聚合函数。在图 OLAP 中，不仅可以使用 SUM、AVG 等传统函数，还可以使用包括平均度数、直径、最小与最大度数、最小与最大中心性、最中心节点、包含关系等函数。另外要注意对节点和边可以使用不同的聚合函数。

图 5-2(a)给出的是一张高层聚合图，对应于前文第 3 类查询问题示例的答案。聚合图中有两个凝聚节点，分别为男性和女性。男性和女性节点的权重分别为 5 和 4，这是因为原图中有 5 名男性、4 名女性。权重边代表原图中关系的数量。例如，男性和女性之间的“Family：3”这条边代表原图中有 3 条“家庭”边，每条都有

① 为简单起见，我们在后续的讨论中省略任意值 *。

一个节点是男性，一个节点是女性。注意这些聚合图还可以用来回答第 2 类的问题，例如 USA 和 SG 之间的权重边就回答了前文关于 2012—2014 年美国用户和中国用户关系趋势的问题。

下面给出超图立方体的正式定义：

定义 5.5(超图立方体)　给定具有 n 个节点维和 m 个边维的属性图 $G=(V, E, A_v, A_e)$，超图立方体即基于所有可能的节点维和边维对该图进行聚合，建构 2^{n+m} 个单位立方体。它包括三种不同类型的聚合：表示为<VD，＊>的节点聚合、表示为<＊，ED>的边聚合和表示为<VD，ED>的节点边聚合。一共存在 2^n-1 个节点聚合单位立方体和 2^m-1 个边聚合单位立方体，每个单位立方体都类似于在传统数据立方体中基于节点维或边维计算得到的视图。一共存在 $2^{n+m}-2^n-2^m+1$ 个节点边聚合，每个都是定义 5.4 中同时基于节点和边的聚合图。注意保留<＊，＊>作为一种特殊的单位立方体。

超图立方体中全部单位立方体都能直观地表示为节点聚合格和边聚合格的笛卡儿积。例如图 5-1 中的超立方格包括了 64 个单位立方体，表示为节点聚合格和边聚合格的笛卡儿积(图 5-2(d))。图 5-2(c) 为图 5-2(d) 格的扩展。考察两个单位立方体 $C_1=<VD_1, ED_1>$ 和 $C_2=<VD_2, ED_2>$，如果 $VD_1\subseteq VD_2\wedge ED_1\subseteq ED_2$，则称 C_1 为 C_2 的祖先(记为 $C_1<C_2$)，同时 C_2 为 C_1 的后代，记为 $C_2>C_1$)。例如，有<Gender，Type> < <{Gender，Nation}，Type>。

查询支持：以超图立方体为基础，各种查询可以通过相应的单位立方体得到支持。节点聚合和边聚合单位立方体包含了基于节点维或者边维的聚合，因此可以直接用来回答第 1 类查询问题。而每个节点边聚合单位立方体则是对一个特定维空间的高层聚合图，是对第 3 类问题的直接回答。因为每张聚合图都包含了同时对节点维和边维聚合得到的信息，所以也可以回答第 2 类查询。例如图 5-2(b)的<Nation，Date>单位立方体就可以回答前文的第 2 类示例查询。

上卷/下钻操作：上卷和下钻是最重要的两种 OLAP 操作，用于生成不同层级和粒度的视图。在图 OLAP 中，任何一个节点维或边维都可能关联一个能够进行上卷/下钻操作的概念层次结构。例如 BirthPlace(出生地)和 Time(时间)两个维度分别可以关联有下列地理性或时间性的层次结构：

BirthPlace：City(城市)→State(州)→Country(国家)→all(全体)

Time：Month(月)→Year(年)→Decade(年代)→all(全体)

按照节点聚合或边聚合进行的上卷/下钻操作与传统 OLAP 相似[6]，在此不作讨论。我们关注的主要问题是对节点边聚合单位立方体的 OLAP 操作。鉴于节点边聚合特有的性质，在此引入四种不同的属性图 OLAP 用上卷/下钻操作：

节点上卷：在节点上卷操作中，边维不变，根据节点维进行上卷，将图聚合到概括程度更高的层级，例如从聚合图<City，Year>得到<State，Year>。

边上卷：在边上卷操作中，节点维不变，根据边维进行上卷，将图聚合到概括程度更高的层级，例如从聚合图<City，Year>得到<City，Decade>。

节点上卷-边上卷：在节点上卷-边上卷操作中，同时根据节点维和边维进行上卷，将图聚合到概括程度更高的层级，例如从聚合图<City，Year>得到<State，Decade>。

节点上卷-边下钻：在节点上卷-边下钻操作中，同时根据节点维进行上卷、根据边维进行下钻来进行聚合，例如从聚合图<City，Year>得到<State，Month>。

同理，也存在四种逆向操作：节点下钻、边下钻、节点下钻-边下钻和节点下钻-边上卷。值得注意的是，可以用两种方法来提高分布式和代数式度量的 OLAP 查询速度。首先，可以在中间阶段的聚合图而不是基图上进行上卷/下钻；其次，使用和结果最接近的聚合图进行上卷/下钻。例如要得到聚合图<Country，Decade>，对<State，Year>进行上卷要比对<City，Month>操作更有效率。

5.4 基于 MapReduce 的超图立方体基本计算模型

有了超图立方体的概念基础，就可以引入基于 MapReduce 的图立方体物化方法。首先回顾一下 MapReduce 的计算范式。MapReduce 计算遵循固定的模式，主要分为 Map 阶段和 Reduce 阶段。在 Map 阶段，MapReduce 任务首先从分布文件系统(DFS)中读入一个输入数据块，使用 Mapper 运行 Map 函数，从数据块处理获得键值对($k1$, $v1$)。在 Map 函数执行后输出中间键值($k2$, $v2$)。MapReduce 库根据 k 对所有中间键值对进行排序和分块。在 Reduce 阶段，MapReduce 库对所有键值对进行合并与排序，并将进行过全局性排序的数据提交给 Reducer 运行的 Reduce 函数。在 Reduce 处理后，Reducer 输出新的($k3$, $v3$)键值对给 DFS。

在 MapReduce 方法中，对图进行立方化的基本算法可以包含两个步骤。前文提到，在原始数据格式中，节点和边的属性一般像图 5-1 一样存储在两个分离的表中。因此第一步要连接(join)两表，获得一个包含所有维度的单表。连接操作可以通过一个 MapReduce 任务(称为连接任务，Join-Job)进行，连接后的输出被写回 DFS。

第二步为立方体计算。一种方法是在一个 MapReduce 任务中计算所有的单位立方体(称为立方化，Cubing)，其中每个单位立方体被单独处理。显然，比起连接后的数据，原始的节点和边属性表更适合用于计算节点聚合和边聚合中的单位立方体。因此立方化任务可以同时用原始表和连接后的数据作为输入。根据定义 5.4，节点边聚合中的每个单位立方体都是聚合图。为了构建这些聚合图，实际上可以在处理节点聚合单位立方体的同时计算全部凝聚节点，因为两个过程都要对节点进行同样的分组。因此，只需要根据连接后的数据计算聚合图中两个凝聚节点之间的权重边，其算法见算法 1(图 5-3)。这种基本算法能够单独对每个单位立方体分组属性进行提取、洗牌(shuffle)和处理。

不过，对于大型属性图，这种基本算法的表现不佳，原因有两个：

(1)连接后数据量过大：一个节点可以关联多条边，因此连接任务所输出的结果可能相当大。假设每个节点的平均度数、节点属性表的大小、边属性表的大小分别为 d、$|V|$ 和 $|E|$，连接任务的输出结果大小几乎可以达到 $d\times|V|+|E|$。

(2)产生的中间数据量较大：单独处理每个单位立方体可能生成大量的中间数据，因为每个单位立方体都会提取出自己的键值对，产生高昂的排序、shuffle 代价。

算法 1：基本立方化 MapReduce 任务

```
Function Map()
  # t 为数据中的元组
  if t 是节点(或边，或连接后的边) then
    对于每个单位立方体 C_i ∈ V-Agg(或 E-Agg，或 VE-Agg)
      根据 C_i 的分组属性对 t 进行投影⇒k
      其他信息⇒v
      输出(k, v);
Function Reduce(k, v_0, v_1, …, v_k)
  令M为度量函数
  输出(k, M(v_0, v_1, …, v_k));
```

图 5-3　算法 1

5.5　MRGraph-Cubing：批量超图立方体计算算法

在本节中，引入一种高效的超图立方计算方法 MRGraph-Cubing 来处理 Pagrol 中的大型属性表。MRGraph-Cubing 的主要操作过程如下：

(1)连接节点表和边表。为此我们提出自包含式连接(self-contained join)方法，以避免重复从 DFS 读写连接后的数据(见

5.3.1)；

(2)对单位立方体进行分批，使中间数据和计算结果尽可能共享。我们的单位立方体分批(cuboid batching)方法能够识别具备分批条件的单位立方体(见5.3.2)；

(3)进一步将批次捆绑成“包”(bag)，一个MapReduce任务可以处理一个包(见5.3.3)；

(4)为了确保(3)中能以最优方式进行捆绑，我们进一步开发了基于代价的执行计划优化器(cost-based execution plan optimizer)，它能够生成较优的执行计划，有效缩短立方体计算时间(见5.3.4)。

5.5.1 自包含式连接

为了减少第一步连接中连接产生大量数据带来的代价，我们提出了自包含式连接方法，把连接操作推迟到第二步MapReduce立方化任务的Map阶段。这样一来，在连接后，数据能够直接用于计算图立方体，而不需要通过DFS进行读写。然而，自包含式连接需要每个Mapper中的数据都包含边及其对应的节点。因此，我们利用一单独任务(Blk-Gen)来把原始数据重新组装成一系列自身包含相关连接数据的文件。

具体而言，Blk-Gen任务首先在Map阶段读入节点和边两个属性表，然后将所有边根据其两端节点编号分配给不同的Reducer，同时也根据同样的节点编号将节点信息分配给Reducer。注意这里根据需要可以把每个节点shuffle给多个Reducer。在Reduce阶段，Blk-Gen任务会生成一系列独立的数据块，并使用图5-4中的格式将每个数据块输出为一个独立的文件。用这种方法，在每个文件中的多条边就可以共享一个节点，而不是把一个节点复制多次。

如果输出文件的大小不超过一个块，MapReduce就不会对其进行分割，所以每个自包含的文件都会被直接送给一个Mapper，用于第二步的立方化连接。

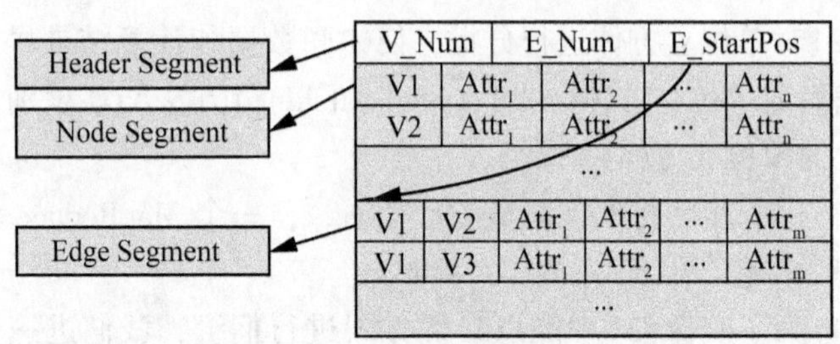

图 5-4　自包含连接文件格式

5.5.2　单位立方体分批技术

为构建超图立方体而分别单独计算每个单位立方体的方法显然是效率低下的。我们提倡使用更有效的方法：利用 MapReduce 的内在特性和单位立方体直接的祖先与后代关系，将单位立方体分成批次，以使中间数据和计算得到充分共享和再利用。

遵循此思路，我们首先需要识别出可以分入一个批次的单位立方体。这里假设我们要对整个立方体进行计算并物化。我们的方法很容易就能推广到部分立方体的物化(只计算一部分单位立方体)。

如前所述，存在三种单位立方体：节点聚合立方体、边聚合立方体和节点边聚合立方体。为了处理前两种单位立方体，本研究提出了文献[91]中描述的方法。因为本章的重点是节点边聚合，这里对该方法仅作概述，感兴趣的读者可以参考该论文。在满足下列合并条件(条件 1)的情况下，节点或边聚合单位立方体可以分入一个批次。

条件 1：在多个节点聚合或边聚合单位立方体中，任意两个单位立方体之间存在祖先与后代关系，并且具有相同的前缀。

例如，给定三个节点聚合单位立方体 C_1、C_2和 C_3，如果它们基于节点的分组分别为 $VD_1=A$、$VD_2=AB$ 和 $VD_3=ABC$，则有 $C_1<C_2<C_3$，并且三者具有相同的前缀。对于本例，可以使用我们提出的方法合并三个单位立方体一起处理，以充分利用 MapReduce 排序功能(MapReduce 根据 key 为所有的中间键值对进行排序)：

Mapper 每读入一个元组，就输出一个键值对供 C_1、C_2和 C_3使用。这里以 VD_3为 key，用 VD_1划分中间键值对，而不是输出的三个键值对。这样能确保 C_1、C_2和 C_3中所有相同分组值的元组能够被 shuffle 给同一个 Reducer，从而一起得到处理。证明过程参见文献[91]。

该方法的优点有：(1) 由于 MapReduce 会在把数据提交给 reduce 函数之前先进行排序，在 Reduce 阶段一个批次中所有单位立方体分组维度都已经经过了排序。这样进行立方计算效率更高，因为重复利用了排序操作，不再需要为聚合进行额外的排序。(2) 所有祖先单位立方体不需要 shuffle 自身的中间数据，而是使用其后代的中间数据，可以显著减少中间数据的大小，从而消除了数据排序、分配、shuffle 的额外代价。

本研究提出，在超图立方体计算中，如果节点边聚合单位立方体符合下列合并条件(条件 2)，便可以放入一个批次。

条件 2：在多个节点边聚合单位立方体中，任意两个单位立方体之间具有祖先与后代关系，并且任意两个单位立方体的节点维/边维有相同的前缀。

为每个节点边聚合单位立方体获得聚合图的过程可以分为直观的两个步骤：第一步，把具有相同节点维的节点分组成为凝聚节点，并使用节点聚合函数计算每个凝聚节点的权重。第二步，把具有相同边维且其两个节点具有相同节点维的边分组成为凝聚边，并使用边聚合函数计算其权重。如前所述，第一步可以直接通过节点聚合单位立方体进行，因为节点合并的条件是相同的。要注意，如果节点聚合的聚合函数与节点边聚合的相同，那么节点聚合的结果就可以直接用在构建节点边聚合上。因此，下面我们重点讨论计算权重边的方法。

作为例子，假设给定三个节点边聚合单位立方体 C_1、C_2和 C_3，其分别有基于节点维的分组 $VD_1=A$、$VD_2=AB$ 和 $VD_3=ABC$ 和基于边维的分组 $ED_1=E$、$ED_2=EF$ 和 $ED_3=EF$，则有 $C_1<C_2<C_3$，并且三者的节点维和边维分别具有相同的前缀顺序。该例中的 C_1、C_2就可以与 C_3合并为一个批次处理。注意权重边的计算以连接后

的边为基础，每条连接后的边(e)都是一个三重元组：sV 的节点维(VD(sV))、tV 的节点维(VD(tV))以及 e 的边维(ED(e))。

在 MapReduce 框架中，C_1、C_2和 C_3可以按如下方式作一个批次处理：Mapper 每读入一个元组，就输出一个键值对供 C_1、C_2和 C_3使用，以 VD_3(sV)、VD_3(tV)和 ED_3(e)的串联(即 ABCABCEF)为 key，并使用 VD_1(sV)、VD_1(tV)和 ED_1(e)的串联(即 AAE)作为分区键值对。这样保证了 C_1、C_2和 C_3中所有具有相同分组值的边能够被 shuffle 给同一个 Reducer，从而一起得到处理。

现在给出一个批次中的两个特殊单位立方体的正式定义。

定义 5.6(投影立方体，Project_Cuboid)　给定一个批次，如果除单位立方体 *C* 外的所有其他单位立方体都是 *C* 的祖先，则定义 *C* 为映射单位立方体(Project_Cuboid)，记为 Pro_Cubd。在立方计算过程中，*C* 的聚合维被投影出来作为 key 输送给同一批次中的其他单位立方体。

定义 5.7(分区立方体，Partition_Cuboid)　给定一个批次，如果单位立方体 *C* 为所有其他单位立方体的祖先，则定义 *C* 为分区单位立方体(Partition_Cuboid)，记为 Par_Cubd。在立方计算过程中，*C* 的聚合维被用作分区 key。

例如，给定一个批次，由三个节点聚合单位立方体组成：{<A，*>，<AB，*>，<ABC，*>}，其中<ABC，*>和<A，*>分别称为 Pro_Cubd 和 Par_Cubd。同样，给定三个节点边聚合单位立方体组成的批次{<A，E>，<AB，EF>，<ABC，EF>}，其中<ABC，EF>和<A，E>分别为 Pro_Cubd 和 Par_Cubd。

原则上，能够合并进同一批次的单位立方体越多，生成的中间数据便越少，且能够共享的计算资源就越多。根据上述原理，可以把一个单位立方体同其所有符合条件 1 或条件 2 的后代单位立方体分入一个批次。因此在生成批次时，首先搜索节点聚合与边聚合中的单位立方体，生成节点聚合与边聚合中符合条件 1 的批次。例如给定图 5-2(d)中的格，节点聚合与边聚合中可以分别生成三个批次，如图 5-5 中虚线包围的部分所示。

对于节点边聚合，可以利用笛卡儿积合并节点聚合与边聚合，

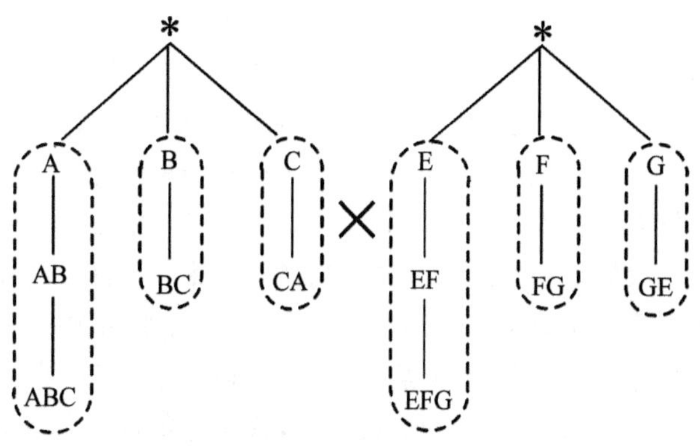

图 5-5 生成的批次

获得批次计划。仍然以图 5-2(d)为例，最终的执行计划将会得到 9 个批次，其 Pro_Cubd 分别为<ABC，EFG>、<ABC，FG>、<ABC，GE>、<BC，EFG>、<BC，FG>、<BC，GE>、<CA，EFG>、<CA,FG>和<CA，GE>。每个批次都包含多个单位立方体，如<ABC,EFG>批次包含有 9 个单位立方体：<A，E>、<A，EF>、<A,EFG>、<AB，E>、<AB，EF>、<AB，EFG>、<ABC，E>、<ABC,EF>和<ABC，EFG>。

5.5.3 批处理

节点聚合、边聚合与节点边聚合使用的输入数据各不相同，所以我们提出分别处理三种类型的批次。处理前两者的 MapReduce 算法与关系数据库的立方计算相似[91]，在此省略。如 5.3.2 所述，凝聚节点的计算可以合并入节点聚合过程。因此本节的主要问题是如何处理节点边聚合批次，以高效地得到全部的凝聚边及其权重。

给定一个计算集群和一组批次，可以通过多种执行计划来对批次进行处理。

定义 5.8(执行计划) 给定一组批次 $B = \{B_1, B_2, \cdots, B_x\}$，执行计划是一组 MapReduce 任务 $p = \{j_0, j_1, \cdots, j_k\}$，其中 j_i 负责处理一个包(*bag*)，包由一个或多个批次组成。j_i 处理的批次记为

$bag(j_i)$，并且 p 符合下列条件：$bag(j_0) \cap bag(j_1) \cap \cdots \cap bag(j_k) = \phi$，并且 $bag(j_0) \cup bag(j_1) \cup \cdots \cup bag(j_k) = B$。

例如可以设立两种简单的执行计划：(1)把每个批次放入一个单独的包，为每个包使用一个 MapReduce 任务；(2)把全部批次放入一个包，并使用一个 MapReduce 任务处理该包。第二种方式的优点是只需要读入一次原始数据，但是每个 Mapper 必须复制并输出每个批次的中间数据，会导致高昂的收集、分区和排序代价。相反，使用第一个计划，MapReduce 任务只需要输出一个批次的数据，在 Map 阶段的数据收集、分区和排序上效率更高，但是每个任务都必须读入一次原始数据，所以代价会随任务数增加。

很明显，还有很多其他可选的计划。这里暂且把最优执行计划的讨论留到下一节，这里我们先考察如何使用一个 MapReduce 任务处理一个包含多个批次的包。

考察由 x 个节点边聚合 $\{B_1, B_2, \cdots, B_x\}$ 组成的包 B，假设每个批次需要的 Reducer 数量为 $R=\{R_1, R_2, \cdots, R_x\}$，其中 R_i 是分配给批次 B_i 的 Reducer 数量。算法 2(图 5-6)说明了本章提出的基于 MapReduce 的方法。

Map 阶段：每个 Mapper 的输入数据一个由第一个 Blk-Gen 任务输出的自包含文件。Mapper 首先进行一次连接，实际上就是把节点信息缓存在内存中，因为节点要先于边提供给 Mapper(第 3、4 行)。注意节点缓存的内存占用很小，因为缓存信息任何时候都比一个块(输入文件)小。当边数据到来时，执行与节点的连接操作。任何时候一旦产生了连接后的元组，就为包 B 中的 x 个批次建立并输出 x 个(k, v)对(5～8 行)。对于每个批次 B_i(其 Pro_Cubd 为 <VD,ED>)，其 key 被设置为 VD(sV)、VD(tV)和 ED_1(e)的串联，如 5.2.2 所述。同时其他信息可以加入值中，例如聚合函数为 COUNT()，则可以获得值 1。为了区分哪个(k, v)对属于哪个批次，我们为其中的值 v 附带一个位图。位图的大小取决于批次的数量，如果该对属于 B_{k+1} 批次，则第 k 位为 1。分配函数按照 Par_Cubd 和 Reducer 分配计划 R 将中间(k, v)对分配给相应的 Reducer (9～12 行)。

算法 2：MRGraph-Cubing 算法

```
Function Map( )
    令 t 为输入元组
    if t 是节点 then
      将 t 放入缓存；
    Else if t 是边 then
      t 连接节点⇒e
    对于每个 B_i ∈ B
      为 B_i 从 e 中提取 k 和 v，并输出(k，v)；
Function Partition (k，v)
    b⇐从 v 获得批次数；
    Par_Cubd⇐从 k 获得分区值；
    返回 Σ_{i=1}^{i=b-1} R(i) + Par_Cubd%Rb ；
Function Reduce(k，v_0，v_1，…，v_k)
    # M⇐度量函数
    B_i⇐从批次识别器获得批次
    C_i⇐ B_i 中的单位立方体
    对于 B_i 中的 C_i
      if C_i 中分组获得了所有需要的元组
        v⇐ (v_1，…，v_m，v_1'，…，v_k'，…)
        输出(k，v)
    else
        将度量值存入缓存
Function Combine(k，v_0，v_1，…，v_k)
    # M⇐度量函数
    id⇐从批次识别器获得批次
    v⇐ (v_1，…，v_m，v_1'，…，v_k'，…)
    v⇐v. append(id)
    输出(k，v)
```

图 5-6　算法 2

Reduce 阶段：在这个阶段，所有(k, v)对按照 k 进行排序。每个 Reducer 通过读入 value 中的识别器来获得其计算任务(批次中的单位立方体)。对于每个输入元组，reduce 函数会获得度量值，并为批中的每个单位立方体进行维分组投影。对于 Pro_Cubd，可以根据每个输入元组进行聚合，因为每个元组都是一个完整的分组单元。第 18 行负责处理这种情况。对于其他单位立方体，分组单元的值则存入缓存，等待分组单元获取所有聚合所需的度量值(13~22 行)。最后，不同单位立方体的聚合结果被写入 DFS 上的不同位置。注意，如果键值对能够在 Map 阶段预先聚合，则用户可以写一个合并器(Combiner)来减少 shuffle 的数据量。合并函数见第 23~28 行。

使用算法 2，可以在一个 MapReduce 任务中处理一个包中的多个批次。下一节中将讨论如何生成最优包的批次执行优化方法。

5.5.4　基于代价的执行计划优化

定义 5.9(批次执行计划优化)　给定计算集群和 x 个批次，批次执行计划优化问题就是找到批次打包的最佳方法，使得执行计划(参见定义 8)能够拥有最短的立方体物化时间。

直观地，优化器分为两个部分：(1) 计划枚举，负责产生候选执行计划；(2)计划执行时间估算，负责估算候选计划的执行时间，并选择用时最短的计划作为最终执行计划。

计划枚举：给定 x 个批次，B：$\{B_1, B_2, \cdots, B_x\}$，列举全部可能的计划等同于计算所有的批次分配方案，这个过程已经在文献[103]中作了充分研究，分配的总数为 $\Theta\left(\left(\frac{x}{ln(x)}\right)^x\right)$[103]。因此当 x 数量大时，不可能进行完全的枚举，必须使用经验算法获得次优的执行计划。

本章中使用一种迭代式的贪心算法，该算法按照经典的本地搜索模式搜索。令 P_i 代表第 i 次迭代的输入执行计划。最初 P_0 对应存在 x 个任务的情况(即每个包只有一个批次)。有下列直观算法：在第 $i+1$ 次迭代中，算法对 P_i 中所有任务两两合并，对这样得到的计划进行评估，并找到最好的计划作为 P_{i+1}。如果 P_{i+1} 优于 P_i(根据下文马上说明的代价模型)，则把 P_{i+1} 传递给下次迭代；如果劣于 P_i，或者 P_i 包含一个具备了全部批次的任务，则中止算法，而以 P_i 为最后的计划。在最坏情况下，算法需要列举 $\binom{x}{2}+\binom{x-1}{2}+\cdots+\binom{2}{2}$ 种计划，时间复杂度为 $O(x^3)$，其中 $\binom{i}{2}$ 是第 $(x-i+1)$ 次迭代所需要评估的计划数。实践中这样的列举时间对立方计算应该是可以接受的。

计划执行时间估算：在说明执行时间的评估之前，先给出一种估算一个任务中每个 Mapper 和 Reducer 执行时间的代价模型。代价模型的输入信息如下：计算集群的硬件设备、MapReduce 配置、输入文件和需要处理的批次。为简单起见，我们假设处理中没有进行数据压缩。此外，考虑到 I/O 代价是计算性能中的主要问题，模型省略了 CPU 计算代价。表 5-1 列出了 MapReduce 集群相关的变量。

表 5-1　　**代价模型中的变量**

记号	定义
SF	MapReduce 集群中配置的排序因子
S_{spill}	MapReduce 集群中配置的 spill 因子
IO_{lr}	从本地磁盘读入的 I/O 代价(每 MB)
IO_{lw}	向本地磁盘写入的 I/O 代价(每 MB)
NW	网络传输代价(每 MB)
IO_{hr}	从 DFS 读入的 I/O 代价(每 MB)
IO_{hr}	向 DFS 写入的 I/O 代价(每 MB)

假设一个 MapReduce 任务需要执行一个有 y 个批次 $\{B_1, B_2, \cdots, B_y\}$ 和 m 个输入文件的包。处理 B_i 用的 Reducer 集为 R_i，

Mapper M_i的输入文件大小为 S_i，C_{ij}为 B_i中的第 j 个单位立方体，CR_j为 B_i在映射阶段的合并率，CR_{ij}为 C_{ij}在 Reduce 阶段的合并率，P_i和 P_{ij}分别为 B_i和 C_{ij}的映射率。此处合并率和映射率分别代表在 Combine(聚合)或 Map 操作后输出的数据占原始数据的百分比。如果没有使用 Combiner，则批次合并率 CR_j等于 1。

对于 Map 阶段，称 $M_c = \sum_{i=1}^{\gamma} (Si \cdot Pi)$ 为所有批次在映射后的键值对大小，$N_s = \left\lceil \frac{M_c}{S_{\mathrm{spill}}} \right\rceil$ 为 spill 阶段产生的 spill 数，$N_m = [\log_{\mathrm{SF}} N_s]$ 为合并处理的次数，$M_o = \sum_{i=1}^{\gamma} (S_i \cdot P_i \cdot \mathrm{CR}_i)$ 为合并后的中间 Map 输出数据。

Mapper M_i的总代价按下式计算：

$$S_i * \mathrm{IO}_{hr} + M_o \cdot N_m(\mathrm{IO}_{lr} + \mathrm{IO}_{lw}) \tag{5-1}$$

其中 $S_i \cdot \mathrm{IO}_{hr}$ 为从 DFS 读入输入文件的代价；$M_o N_m(\mathrm{IO}_{lr} + \mathrm{IO}_{lw})$ 为对中间数据进行排序和分区的本地 I/O 代价。

对于 Reduce 阶段，称 R_{ij}为处理 B_i的第 j 个 Reducer，$R_{in} = \frac{\sum_{k=1}^{m} (S_k \cdot P_I \cdot CR_i)}{|R_i|}$ 为 R_{ij}的输入大小，$R_{np} = [\log_{\mathrm{SF}} m]$ 为 R_{ij}的合并处理次数，$S_f = \sum_{C_{ij} \in B_i} (R_{in} \cdot CR_{ij} \cdot P_{ij})$ 为 R_{ij}的输出大小。

Reducer R_{ij}的总代价计算如下：

$$R_{in}\mathrm{NW} + R_{in}R_{np}(\mathrm{IO}_{lr} + \mathrm{IO}_{lw}) + S_f \cdot \mathrm{IO}_{hw} \tag{5-2}$$

其中 $R_{in}\mathrm{NW}$ 为将数据从 Mapper shuffle 到 R_{ij} 的代价；$R_{in}R_{np}(\mathrm{IO}_{lr} + \mathrm{IO}_{lw})$ 为合并排序的代价，$S_f\mathrm{IO}_{hw}$ 为将物化视图写入 DFS 的代价。

给定一个计算机群，表 5-1 中的所有变量都可以预先确定。每个 Mapper 的输入文件大小可以简单地从 DFS 得到。对于不同的数据集，只有每个批次和单位立方体的合并率和映射率是需要动态获取的参数。为了获得这个信息，首先在 Blk-Gen 任务中，每个 Reducer 在内存中对数据进行采样，并基于样本数据执行一次简单的立方体计算。批次的合并率 CR_j(以及单位立方体合并率 CR_{ij})可以通过记录在进行过合并(或聚合)后 B_i(或者 C_{ij})中的剩余的数据所占百分比得到。由于数据已经在内存中，图信息收集的效率是很高的，后面第6章将通过实验证明这点。映射率由于与维的大小相关，很容易获得。这些 Reducer 的平均值可以输入到模型中作为计划数据。必须注意，这个代价模型不是精确的估算，而是评价相对代价的一种近似方法，用直观方法回避低效率的执行计划。还要强调的是，本方法不限于使用这一种代价模型，也能够使用其他的代价模型。

给定一个执行计划 $p=\{j_0, j_1, \cdots, j_k\}$，假设已经通过代价模型获得了每个 Mapper 和 Reducer 对于任务 j_i 的执行时间。我们仍然不能轻而易举估算多个任务的执行时间。最直接简单的方法是把 p 的执行时间 $T(p)$ 估算为每个任务执行时间之和：$T(p)=\sum_{i=1}^{k} T(j_i)$

但是，我们要提出，上述简单方法缺乏准确性，因为它忽略了计算集群资源和 MapReduce 调度策略的实际情况。例如，假设一个集群能同时运行的 Mapper 和 Reducer 数量大于 j_1 和 j_2 需要的 Mapper 和 Reducer 总数，则两个任务的执行时间应为 MAX（$T(j_1)$，$T(j_2)$），而不是 $T(j_1)+T(j_2)$。

鉴于此，本章提出一种"工作台分配模型"，能够精确地估算多个任务的执行时间，并模拟 MapReduce 的调度机制。以 FIFO 调度器为例，当提交了多个 MapReduce 任务时，调度器管理两个独立的队列，Map 队列和 Reduce 队列。第一个接收到的任务的 Map 和 Reduce 作业放在队首。当计算集群有空余资源(Mapper 或 Reducer)时，就调度队列中下一个未处理的作业进行处理。

根据上述情况，工作台分配模型对调度过程按照如下过程进行模拟(用图5-7中的例子说明)：计算集群支持的 Mapper 和 Reducer 视为 Map 工作台和 Reduce 工作台，它们会消化图中的 Map 作业和 Reduce 作业。图中有 w 个 Map 工作台和 w 个 Reduce 工作台，对于给定的计划 p，有 k 个 MapReduce 任务提交给了计算集群。

图5-7的例子中有 m 个 Mapper(因为有 m 个输入文件)和 r 个

Reducer。优化器使用代价模型估算每个 Mapper 和 Reducer 的执行时间。例如在任务 j_1 中，处理第

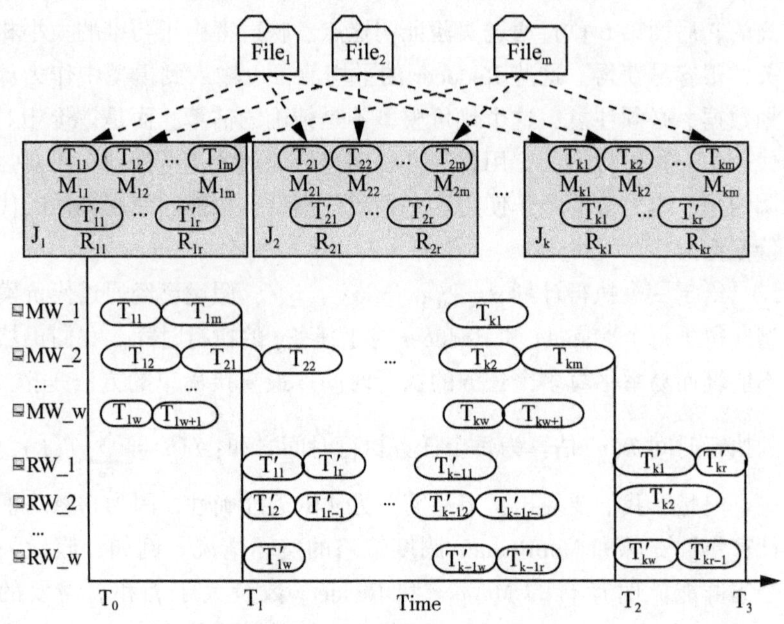

图 5-7　执行多个任务的工作台分配模型

一个输入文件需要的时间为 T_{11}，处理 Reduce 作业的时间为 T'_{11}。模型以最慢的 Reducer 的完成时间为计划执行时间。

对于 FIFO 调度器，首先把 j_1 中的 Map 作业分配给 Mapper，然后分配 j_2、j_3，依次类推。作业分配的策略就是把 Map 作业分配给现有任务量最少的工作台。这里任务量最少指的是一个工作台中全部作业 Map 时间的 SUM 值最小。图 5-5 中 T_{1w+1} 被分配给 MW_w，因为 MW_w 在第一轮中获得的作业时间最短。

另一方面，只有当同一个 MapReduce 任务中的部分 Mapper 执行完成后，调度器才能把数据 shuffle 到 Reduce 作业。为简单起见，我们假设一个任务中的 Reduce 作业只在所有 Map 作业完成后才能开始。在开始时，优化器使用相同的分配策略为 Reduce 作业分配

工作台，分配的时机是 Map 作业完成且工作台存在空闲的 Reducer 时。在图 5-7 中，j_1中最慢的 Map 作业在时刻 T_1完成，然后调度器开始为j_1中的 Reduce 作业分配工作台。在时刻 T_2，j_k的所有 Map 作业都已经完成，其中的 Reduce 作业便可以安排工作台。在时刻 T_3，全部任务完成。

应该强调，这个方法适用于各种不同的调度器，如公平调度器(fair scheduler)、容量调度器(capacity scheduler)。对于不同的调度器，作业队列的顺序可能不同，但基本方法相同。通过这种基于代价的执行时间估算，优化器可以选择最优的计划来进行立方体计算。

5.6 实验

本研究在具有 128 个节点的本地计算集群上对 Pagrol 进行评估。每个节点配备 X3430 4(4) 2.4GHz CPU、8GB 内存、2x500GB SATA 磁盘，运行操作系统为 Centos 5.4。整个实验基于 Hadoop1.1.1 版本进行[49](详细配置信息见表 5-2)。

表 5-2 **计算集群的配置**

参数	值
Hadoop 版本	Hadoop 1.1.1
每节点 Mapper 数目	2
每节点 Reducer 数目	2
复制因子	3
io.sort.fact	20
每作业的 JVM 大小	2GB
数据区块大小	256MB
缺省节点数	64

实验使用两种数据集：真实的 Facebook 数据集和人工数据集。

(1) Facebook 数据集。该数据集包含 2009 年 4 月到 5 月收集的一组 Facebook 采样数据[104]。数据集中每个节点为一名 Facebook 用户，每条边为两个用户之间的关系。我们为每个节点提取四个维：TotalFriends、School、Region 和 Affiliation。为每条边提取一个维：Type，它有三种值(Schoolmates、Colleagues 和 Friends)。数据集总共包含 957359 个节点和 450 万条边。

(2) 人工数据集。对于人工数据，我们先使用 SNAP 平台产生不带维度的图结构[105]。因为 SNAP 在生成大型属性图时速度较慢，我们开发了一种基于 MapReduce 的属性生成器，以并行地为 SNAP 产生的图结构中的节点和边增加维度。

5.6.1　有效性

以 Facebook 的真实数据集为测试数据，对超图立方体的有效性进行验证。验证的方式为执行一系列 OLAP 查询，并分析其查询结果。

首先，我们想要识别 Facebook 上活跃用户的社群结构。依据朋友总数将用户分为 3 类：少(<150 人)、中(150～800 人)、多(>800人)。然后根据节点聚合单位立方体< {Region, TotalFriends}, * >, < {School, TotalFriends}, * >和< {Affiliation, TotalFriends}, * >, 可以简单地获得每类用户中规模最大的 5 个社群。查询结构如图 5-8 所示。可以看到“Teach for America”、“Texas A&M University”和“New York, NY”中有规模超过 800 的成员。这个结果还显示“New York”在所有类别中都排行前 5，说明住在纽约市的人在 Facebook 上非常活跃。

下面，我们考察 LA(洛杉矶)、OC(橙市)、SFO(圣弗朗西斯科)和 SV(硅谷)加利福尼亚州城市之间人们的关系。我们根据节点边聚合单位立方体<Region, Type>执行查询，得到图 5-9 中的聚合图。比起原始数据，该图更清晰地表现了人与人之间的关系。可以看到，在 SV 和 SFO 之间只有 4 条跨市的同事关系(图中标记为 C：4)，这种关系可能说明存在跨市经营的公司。通过下钻，可以发现这些关系中的三条都来自 Tellme Inc. 公司，这是在两个城市

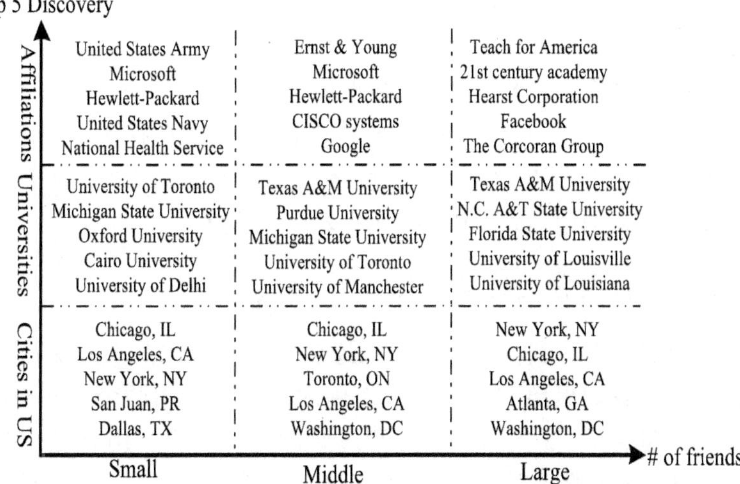

图 5-8 节点聚合单位立方体的 OLAP 查询

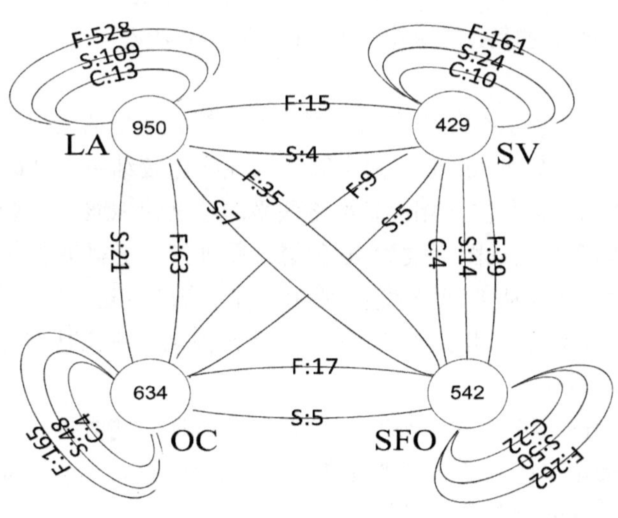

图 5-9 节点边聚合单位立方体<Region, Type>的 OLAP 查询

都有业务的大公司。还可以看到，在 LA 和 OC 之间的跨市校友关系最多(图中标记为 S：21)。下钻操作可以得到，这些关系与加州

的大学如 UCLA 有关。还有很多信息，因为篇幅有限，此处不加展开。从结果可以明显看到，本研究的超图立方模型提供了一种分析大型属性图特性的有效方法。

后续实验我们将使用人工数据集。人工数据集中，每张图包含 3 个节点维、3 个边维，每个维的缺省大小为 7 字节。同时选用 COUNT( )作为节点和边聚合的度量函数。注意如果一张图包含 N 个度数为 K 的边，则图中共有 N · 2/K 个节点。

5.6.2　自包含式连接优化

本实验中，我们对自包含式连接方法与对比基准方法进行对比分析。我们提出的自包含式连接优化算法使用两个 MapReduce 任务：Blk-Gen 任务读入节点和边属性表，生成一组自包含式文件；Map-Join 任务读入自包含式文件，在 Map 端进行连接，在 Map 阶段的连接操作后结束。参照的基准方法也包括两个 MapReduce 任务：VE-Join 任务对节点和边属性表进行连接，VE-Parse 任务读入连接后的数据，在 Map 阶段完成对全部数据的解析后结束。

图 5-10(a)实验数据为在固定图节点个数为 2 亿的情况下，将图度数从 10 改变到 100 时，两个算法的性能比较结果。从图 5-10(a)可以看出，优化方法相比基准方法平均速度快 30%。实验基于一张有 2 亿个节点且图度数为 40 的属性图展开。通过调整每个节点维的平均大小(从 10 字节变化到 50 字节)来产生对比实验数据。图 5-10(b)结果也表明本研究提出的自连接优化方法比基准方法平均速度快 21%。

综上所述，可以得出结论：(1)基于所有评估的数据集，自包含式连接策略都优于基准连接策略；(2)在图度数高、节点属性比较大时，其性能改善更加明显。

5.6.3　单位立方体分批次优化

下面考察本研究提出的单位立方体分批优化效果。实验分别使用四种算法。不进行分批的基准策略使用两种算法：single-C-per-

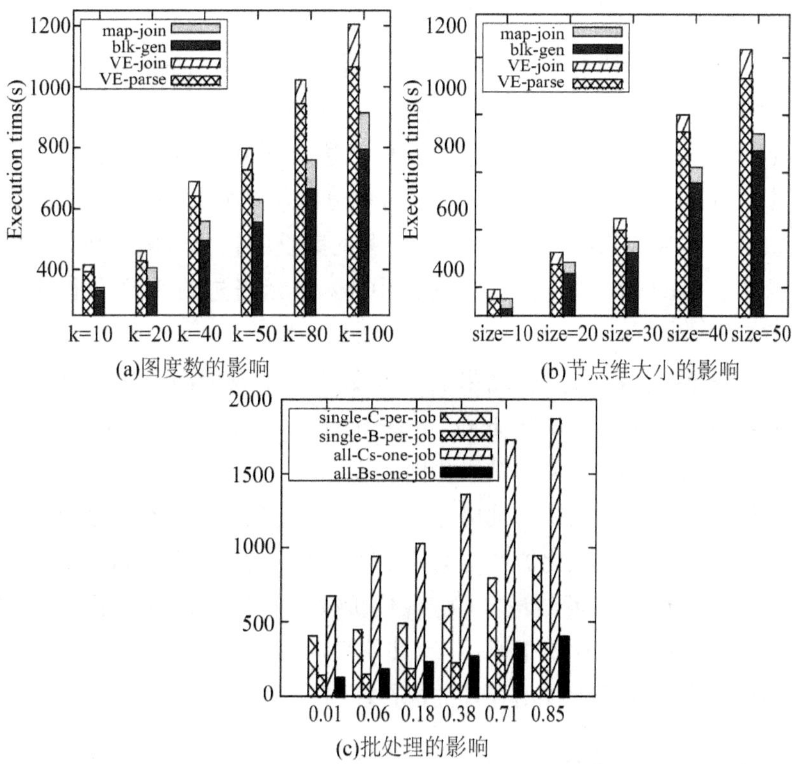

(a)图度数的影响

(b)节点维大小的影响

(c)批处理的影响

图 5-10 自包含式连接和批处理的评估

job(每个单位立方体用一个 MapReduce 任务单独计算)和 all-Cs-one-job(所有单位立方体用一个 MapReduce 任务计算)。分批优化使用的算法是 single-B-per-job(每个批次用一个 MapReduce 任务单独计算)和 all-Bs-one-job(所有批次用一个 MapReduce 任务计算)。

实验基于一张包含 6 亿条边且节点平均度数为 60 的图进行，我们分析了在属性图的平均合并率变化的情况下四种算法的表现。图 5-10(c)的结果表明，两种批优化算法平均速度分别为 single-C-per-job 和 all-Cs-one-job 的 2.5 倍和 4 倍。此外，还可以看到中间数据越大(合并率越高)，优化带来的性能改善就越明显。

5.6.4 批次执行计划优化

接下来评估本章提出的批次执行计划优化器。将优化器产生的计划(称为“优化计划”)与 single-B-per-job 和 all-Bs-one-job 两种基准计划比较。实验属性图包含6亿条边，图度数为60。通过合并率从0.01到0.87的变化，我们对比分析了各种计划的执行时间。执行时间为包括第一个 Blk-Gen 任务的完整图物化时间。在优化方法中，借助 Blk-Gen 任务对内存中1%的元组进行采样获得图的信息。

图5-11(a)的实验结果表明，在合并率较低时，优化计划和 all-Bs-one-job 明显低于 single-B-per-job。当合并率等于0.01时，优化方法与 all-Bs-one-job 结果相同。这个结果是合理的，因为当 Map 的输出很小时，把所有批次并入一个任务进行处理的代价较低。当合并率提高时，优化器产生的计划效果大大优于两种基准计划。从实验可以得到以下结论：(1)该代价模型直接从内存获得图的信息，造成的额外代价很低；(2)即使只用简单的采样策略，优化器也能在所有选项中找出合理的执行计划。

5.6.5 可扩展性

最后，从两个方面评估 MRGraph-Cubing 方法的扩展性。第一组实验考察其对于属性图数据量变化的扩展性。图5-11(b)为固定图度数为60，边数从1.2亿增长至7.5亿时，Pagrol 的执行时间。可以看到，当数据集大小放大到1.5倍时，执行时间也几乎缩短到1.5倍，说明算法对于数据量的扩展性较好。

第二组实验考察并行处理的影响。图5-11(c)为基于一个7.5亿节点、度数60的图数据集，使用16~128个节点的计算集群进行立方体物化的执行时间。结果表明，在16~64个节点范围内，计算能力翻倍时，执行时间也几乎减半。这说明该算法在64个节点范围内的性能是线性提高的。超过64个节点后，并行处理的作用有所减弱。当立方体计算时间不够长时，MapReduce 框架的配置时间可能会影响到计算资源增加所带来的收益，所以这种结果是合理的。

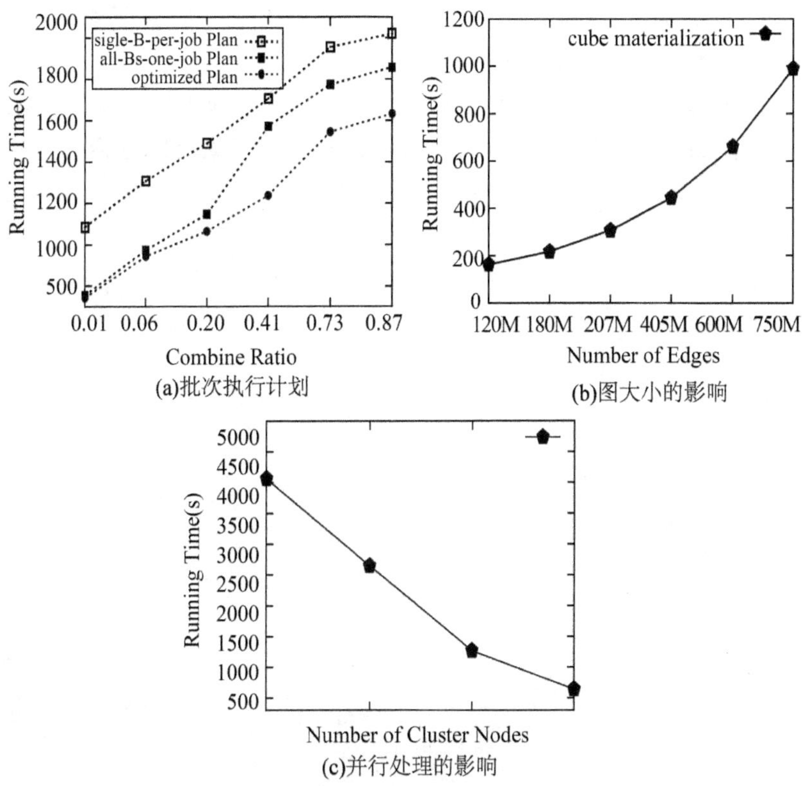

(a)批次执行计划

(b)图大小的影响

(c)并行处理的影响

图 5-11 计划优化器和可伸缩性的评估

5.7 本章小结

本章把 OLAP 方法扩展至属性图，期望能给提供更好的基于属性图的查询分析和决策支持。本研究提出了针对大型属性图的并行图 OLAP 系统 Pagrol。为了支持图 OLAP，本章首次提出超图立方体模型——一种用于属性图的新型概念图立方模型。该模型可以有效地聚合图数据，帮助用户在不同粒度和层次上理解大型图数据的特征。此外，本章还提出了 MRGraph-Cubing 图立方体物化算法，并且使用了多种优化技术。据我们所知，MRGraph-Cubing 是首个基于 MapReduce 的并行图立方计算方法。大量实验验证了 Pagrol 的可行性、高效性及可扩展性。

本部分内容为作者在新加坡国立大学从事博士后研究工作期间，同 zhengkui Wang、Qi Fan、Kian-Lee Tan 等人合作完成。

第6章　结论及展望

6.1　结论

本书以主流的关系型数据和热门的属性图数据为研究对象，着重研究在大数据的背景下如何利用这些数据构建有效且高效的数据仓库系统。从某种程度上讲，属性图是关系模型的泛化，因此这两条线的研究是紧密联系的。考虑到两种数据上 OLAP 的查询特性，我们采用大数据处理的基础平台 MapReduce 作为整个数据仓库系统的构建平台。

本书提出了“关系化”MapReduce 的思想——利用关系数据库技术，为 MapReduce 框架设计定制化的优化技术和策略。在此思想引导下，我们设计了新型数据仓库架构，并对该架构中的数据访问层和存储层进行了深入研究。

对于关系数据，我们设计了定制化的 ROLAP 查询处理框架 TAMP。TAMP 即有 MapReduce 的高度可扩展性，又有关系数据库的高性能特点。考虑到数据密集型分析查询的性能瓶颈是磁盘 I/O，为提高存储层的数据读写的速度，我们利用 HDFS 冗余备份块的特性，为分析型查询设计了智能型存储模型——HC 存储模型。HC 存储模型为不同备份块采取不同的列存储模型，在查询执行时，根据查询的特点和集群负载分布情况，动态选择合适存储模型中的数据。基于 MapReduce 的实验验证了 TAMP 的扩展性和高性能，HC 存储模型的有效性。

对于属性图数据，我们首先设计了面向属性图的 MOLAP 多维数据模型——超图立方体模型。该模型可以同时支撑基于节点/边属性上的查询、整合了节点和边属性信息的查询和基于节点与边属性信息维的多维查询。为了高效地计算超图立方体模型，我们基于MapReduce平台设计MRGraphCubing立方体物化算法及自包含式连接算法、单位立方体分批算法和批次分包执行算法。大量实验验证了Pagrol系统的扩展性和高性能特性。

6.2　展望

6.2.1　TAMP并发查询的扫描共享

在多用户并发环境下，各个工作节点为每个查询从硬盘上装载数据进行处理，I/O的冲突导致查询响应时间难以得到保证。

为了使并发查询的响应时间得到保证，我们拟采用如下策略进行工作节点上的数据的扫描：在所有工作节点上，使用一个公共线程周而复始地扫描该节点硬盘上的事实表，装载到内存缓冲区，交给当前活跃的本地查询进行处理；若没有活跃查询，该线程将休眠。对于每一个活跃查询，当其到达时，记录下公共线程正在扫描的数据块序号 i。随着公共线程扫描操作的推进，当再次到达数据块 i 时，本查询扫描结束，可将局部聚集结果返回给主节点。内存中必须开辟空间，暂时存储各个活跃查询的局部聚集结果。采用并发查询共享数据扫描线程的方法，使得并发查询可以获得相对固定的响应时间，即约等于一次数据扫描时间。

6.2.2　新的TAMP代价模型与查询优化

TAMP处理框架中，主节点对查询进行改写以后，交给各个工作节点并行执行。在维度层次编码方法的基础上，连接操作得以消除，各个工作节点的数据处理工作大大简化。那么已有的查询优化技术将不再适用，需要针对新的数据组织形式和数据存取路径，构造新的代价模型和查询优化方法。

6.2.3 异构冗余块共存的扩展

HC 存储的思想可以扩展至其他数据组织策略，如压缩、排序和数据划分等。不同的备份块采用不同的压缩算法，使得 MapReduce 可以根据应用的需要，如追求较高压缩率还是较高解压速度等，选择合适的压缩数据。根据不同属性进行数据的划分，可以有效支持多个连接操作的并发执行。

6.2.4 HC 存储备份块恢复

HDFS 备份块采用相同的存储模型时：一个备份块坏掉后，可以通过复制其他备份块的方式来进行恢复。因此，在 HC 存储中备份块采用不同存储模型后，一个随之而来的问题是：一个备份块数据坏掉后，不能简单地通过复制备份块的方式来恢复坏掉的数据块。如何高效安全地对异构备份块进行恢复，是一项非常有挑战的工作。

未来我们将在离线恢复和在线恢复两种方式上进行尝试。离线方式为定期根据不同备份块之间的映射表，对所有备份块进行扫描，并批量进行恢复。在线方式比较有挑战，因为 HDFS 不支持对任意数据块的写操作。对于在线恢复，我们拟采取通过数据块追加方式，将恢复的数据块数据追加到文件尾，同时修改相应映射表信息的方式来实现。

6.2.5 面向高维数据的超图数据立方体计算

超图立方体模型与传统的数据仓库和 OLAP 一样，面临着高维数据的挑战。未来我们将借鉴现有的针对高维数据的 OLAP 解决方法，例如部分立方物化[99]、外壳碎片(shell-fragment)[89]等，结合属性图自身的特点，为 Pagrol 设计特有的高维数据立方体计算优化技术。

6.2.6 增量式超图数据立方体计算

数据立方体主要借助于物化视图或索引等技术来获得较高的查

询处理性能。面对海量数据，物化和索引技术的应用范围将面临挑战：一是物化视图的计算时间和存储空间会随着数据量的增大而急剧增加；二是日趋频繁的数据更新操作会导致较高的数据同步更新代价。尤其对于属性图来讲，其变化既可能发生在节点/边属性上，也可能发生在图结构上。任何一点改变便可能导致整个图多维立方体的重新计算。未来我们将在如下方向努力以尝试解决此问题：

(1)增量式超图数据立方体计算算法：设计可增量计算的超图立方体构建算法，避免图信息发生改变时，整个超图立方体的重新计算。

(2)高效的超图数据立方体压缩算法：立方体物化后的空间是巨大的，尤其是对于大型属性图。高效的压缩算法不仅可以减少存储空间，还可以提高 I/O 的速度。我们拟结合属性图的特点，设计适合其特性的压缩算法，同时拟通过充分利用 CPU 的多核计算能力，设计高效的解压算法，降低解压代价。

参考文献

[1] International Data Corporation. THE DIGITAL UNIVERSE IN 2020: Big Data, Bigger Digital Shadows, and Biggest Growth in the Far East IDC 1414_v3 [R]. Massachusetts USA: IDC, 2012.

[2] James M, Michael C, Brad B, et al. Big data: The next frontier for innovation, competition, and productivity [R]: McKinsey Global Institute, 2011.

[3] Big Data Senior Steering Group. The Federal Big Data Research And Development Strategic Plan [R]. Washington, D.C.: The White House, U.S., 2016.

[4] 中国国务院. 促进大数据发展行动纲要 [R]. 北京: 中国国务院, 2016.

[5] NoSQL. NoSQL [M/OL]. (2016) [2016-10-08]. http://nosql-database.org/.

[6] Surajit C, Umeshwar D. An overview of data warehousing and OLAP technology [J]. SIGMOD Rec, 1997, 26(1): 65-74.

[7] IBM Corporation. Big Data [M/OL]. (2012) [2016-10-08]. http://www-01.ibm.com/software/data/bigdata/.

[8] Gartner. Gartner Says Solving "Big Data" Challenge Involves More Than Just Managing Volumes of Data [M/OL]. (2011) [2016-10-08]. http://www.gartner.com/it/page.jsp? id=1731916.

[9] Winter Corporation. The HP Vertica Analytics Platform: Large Scale Use and Advanced Analytics [R]. Massachusetts: Winter Corporation, 2007.

[10] TDWI. TDWI CHECKLIST REPORT: Big Data Analytics [J/OL].

(2010-08-10) [2016 09-10]. http://tdwi.org/research/2010/08/Big-Data-Analytics.aspx.

[11] InformationWeek. 5 Analytics, BI, Data Management Trends For 2015 [M/OL]. (2015) [2016-08-20]. http://www.informationweek.com/big-data/big-data-analytics/5-analytics-bi-data-management-trends-for-2015/a/d-id/1318551.

[12] Oracle Corporation. The Top 10 Trends In Data Warehousing [M/OL]. (2016) [2016-05-10]. http://www.forbes.com/sites/oracle/2014/03/10/the-top-10-trends-in-data-warehousing/-4089aa1d1123.

[13] Dean J, Ghemawat S. MapReduce: Simplified Data Processing on Large Clusters. Proceedings of the OSDI, San Francisco, F December 6-8, 2004 [C]. California: USENIX Association, 2004.

[14] Zaharia M, Chowdhury M, Franklin M J, et al. Spark: Cluster Computing with Working Sets. Proceedings of the HotCloud, Boston, F June 22, 2010 [C]. California: USENIX Association, 2010.

[15] Zaharia M, Chowdhury M, Das T, et al. Resilient Distributed Datasets: A Fault-Tolerant Abstraction for In-Memory Cluster Computing. Proceedings of the NSDI, San Jose, F April 25-27, 2012 [C]. California: USENIX Association, 2012.

[16] DBMS2. Mapreduce applications [M/OL]. (2009) [2016-07-13]. http://www.dbms2.com/2008/08/26/known-applications-of-mapreduce/.

[17] Xu Y, Kostamaa P, Gao L. Integrating hadoop and parallel DBMs. Proceedings of the SIGMOD Conference, Indiana, F June 6-10, 2010 [C]. New York: ACM, 2010.

[18] Oracle Corporation. Oracle In-Database MapReduce [M/OL]. (2016) [2016-05-23]. https://blogs.oracle.com/datawarehousing/entry/in-database_map-reduce.

[19] HP Corporation. Vertica Hadoop [M/OL]. (2016) [2016-04-21].

http://www8. hp. com/us/en/software-solutions/sql-hadoop-big-data-analytics/index.html.

[20] Prasang U, YongChul K, Magdalena B. A latency and fault-tolerance optimizer for online parallel query plans. Proceedings of the the 2011 ACM SIGMOD International Conference on Management of data, Athens, Greece, F June 12-16, 2011 [C]. New York: ACM, 2011.

[21] Teradata Corporation. Aster SQL MapReduce [M/OL]. (2016) [2016-09-30]. http://cn. teradata. com/Teradata-Aster-SQL-MapReduce/? LangType=2052&LangSelect=true.

[22] Eric A B. Towards robust distributed systems (abstract). Proceedings of the the nineteenth annual ACM symposium on Principles of distributed computing, Portland, Oregon, USA, F July 16-19, 2000 [C]. Oregon: ACM, 2010.

[23] DeWitt D. MapReduce: A major step backwards [M/OL]. (2008) [2014-02-12]. http://www. cs. washington. edu/homes/billhowe/mapreduce_a_major_step_backwards.html.

[24] David.J. DeWitt S M, Michael Stonebraker. How to build a high-performance data warehouse [M/OL]. (2006) [2013-02-25]. http://db.csail.mit.edu/madden/high_perf.pdf.

[25] Michael S, Daniel A, David J D, et al. MapReduce and parallel DBMSs: friends or foes? [J]. Commun ACM, 2010, 53(1): 64-71.

[26] Eltabakh M Y, Tian Y, O z F, et al. CoHadoop: Flexible Data Placement and Its Exploitation in Hadoop [J]. Pvldb, 2011, 4(9): 575-585.

[27] Pivotal E. Greenplum Mapreduce [M/OL]. (2015) [2012-01-23]. http://gpdb. docs. pivotal. io/4360/ref _ guide/yaml _ spec. html.

[28] Olston C, Reed B, Srivastava U, et al. Pig latin: a not-so-foreign language for data processing. Proceedings of the SIGMOD

Conference, Vancouver, F June 10-12, 2008 [C]. New York: ACM, 2008.

[29] Hive A. Apache Hive [M/OL]. (2016) [2015-6-22]. http://hive.apache.org/.

[30] Abouzeid A, Bajda-Pawlikowski K, Abadi D J, et al. HadoopDB: An Architectural Hybrid of MapReduce and DBMS Technologies for Analytical Workloads [J]. Pvldb, 2009, 2(1): 922-933.

[31] Teradata. Hadapt [M/OL]. (2014) [2014-07-28]. http://www.hadapt.com.

[32] Abdallah S, Carsten B, Tim K, et al. Cost-based Fault-tolerance for Parallel Data Processing. Proceedings of the the 2015 ACM SIGMOD International Conference on Management of Data, Melbourne, Victoria, Australia, F May 31-June 4, 2015 [C]. New York: ACM, 2015.

[33] Yang C, Yen C, Tan C, et al. Osprey: Implementing MapReduce-style fault tolerance in a shared-nothing distributed database. Proceedings of the ICDE, California, F March 1-6, 2010 [C]. Washington: IEEE Computer Society, 2010.

[34] He Y, Lee R, Huai Y, et al. RCFile: A fast and space-efficient data placement structure in MapReduce-based warehouse systems. Proceedings of the ICDE, Hannover, F April 11-16, 2011 [C]. Washington: IEEE Computer Society, 2011.

[35] Floratou A, Patel J M, Shekita E J, et al. Column-Oriented Storage Techniques for MapReduce [J]. Pvldb, 2011, 4(7): 419-429.

[36] Dittrich J, Quian\'e R J-A, Jindal A, et al. Hadoop++: Making a Yellow Elephant Run Like a Cheetah (Without It Even Noticing) [J]. Pvldb, 2010, 3(1): 518-529.

[37] Tyson C, Neil C, Peter A, et al. MapReduce online. Proceedings of the the 7th USENIX conference on Networked systems design and implementation, San Jose, California, F April 28-30,

2010 [C]. Washington: USENIX Association, 2010.

[38] Li B, Mazur E, Diao Y, et al. A platform for scalable one-pass analytics using MapReduce. Proceedings of the the 2011 ACM SIGMOD International Conference on Management of data, Athens, Greece, F June 12-16, 2011 [C]. New York: ACM, 2011.

[39] Tomasz N, Michalis P, Chaitanya M, et al. MRShare: sharing across multiple queries in MapReduce [J]. Proc VLDB Endow, 2010, 3(1-2): 494-505.

[40] Jiang D, Ooi B C, Shi L, et al. The performance of MapReduce: an in-depth study [J]. Proc VLDB Endow, 2010, 3(1-2): 472-483.

[41] Afrati F N, Stasinopoulos N, Ullman J D, et al. SharesSkew: An Algorithm to Handle Skew for Joins in MapReduce [J/OL]. (2015)[2016-10-01]. http://arxiv.org/abs/1512.03921.

[42] Blanas S, Patel J M, Ercegovac V, et al. A comparison of join algorithms for log processing in MaPreduce. Proceedings of the SIGMOD Conference, Indiana, F June 6-10, 2010 [C]. New York: ACM, 2010.

[43] Yang H-c, Dasdan A, Hsiao R-L, et al. Map-reduce-merge: simplified relational data processing on large clusters. Proceedings of the the 2007 ACM SIGMOD international conference on Management of data, Beijing, China, F June 12-14, 2007 [C]. New York: ACM, 2007.

[44] Afrati F N, Ullman J D. Optimizing joins in a map-reduce environment. Proceedings of the EDBT, Lausanne, F March 22-26, 2010 [C]. New York: ACM, 2010.

[45] Jiang D, Tung A K H, Chen G. Map-join-reduce: Towards scalable and efficient data analysis on large clusters [J]. Tkde, 2011, 23(9): 1299-1311.

[46] Lin Y, Agrawal D, Chen C, et al. Llama: leveraging columnar storage for scalable join processing in the MapReduce framework.

Proceedings of the SIGMOD Conference, Athens, F June 12-16, 2011 [C]. New York: ACM, 2011.

[47] Alper O, Mirek R. Processing theta-joins using MapReduce. Proceedings of the the 2011 ACM SIGMOD International Conference on Management of data, Athens, Greece, F June 12-16, 2011 [C]. New York: ACM, 2011.

[48] Kamil B-P, Daniel J A, Avi S, et al. Efficient processing of data warehousing queries in a split execution environment. Proceedings of the the 2011 ACM SIGMOD International Conference on Management of data, Athens, Greece, F June 12-16, 2011 [C]. New York: ACM, 2011.

[49] Apache. Hadoop [M]. http://hadoop.apache.org. 2016.

[50] Pavlo A, Paulson E, Rasin A, et al. A comparison of approaches to large-scale data analysis. Proceedings of the SIGMOD, Rhode Island, F June 29-July 2, 2009 [C]. New York: ACM, 2009.

[51] 王珊, 王会举, 覃雄派, 等. 架构大数据: 挑战、现状与展望 [J]. 计算机学报, 2011, 34(10): 12.

[52] 覃雄派, 王会举, 杜小勇, 等. 大数据分析——RDBMS 和 MapReduce 的竞争和共生 [J]. 计算机学报, 2011, 23(1): 14.

[53] Raman V, Swart G, Qiao L, et al. Constant-Time Query Processing. Proceedings of the ICDE, Cancún, México, F April 7-12, 2008 [C]. Washington: IEEE Computer Society, 2008.

[54] Valduriez P. Join Indices [J]. ACM Transactions on Database Systems, 1987, 12(2): 218-246.

[55] Markl V, Ramsak F, Bayer R. Improving OLAP Performance by Multidimensional Hierarchical Clustering. Proceedings of the IDEAS, Montreal, F August 2-4, 1999 [C]. New York: IEEE Computer Society, 1999.

[56] Karayannidis N, Tsois A, Sellis T K, et al. Processing Star Queries on Hierarchically-Clustered Fact Tables. Proceedings of the VLDB, Hong Kong, F August 20-23, 2002 [C]. San Francisco:

Morgan Kaufmann, 2002.

[57] Theodoratos D, Tsois A. Heuristic Optimization of OLAP Queries in Multidimensionally Hierarchically Clustered Databases. Proceedings of the DOLAP, Georgia, F November 9, 2001 [C]. New York: ACM, 2001.

[58] Korth H F, Kuper G M, Feigenbaum J, et al. System/U: A Database System Based on the Universal Relation Assumption [J]. ACM Trans Database Syst, 1984, 9(3): 331-347.

[59] O'Neil P, O'Neil B, Chen X. SSB Benchmark [M/OL]. (2009) [2013-02-12]. http://www.cs.umb.edu/~xuedchen/research/publications/StarSchemaB.PDF.

[60] Hadoop A. Apache Hadoop [M/OL]. (2016) [2016-09-30]. http://hadoop.apache.org.

[61] Wang H, Qin X, Zhang Y, et al. Linear DB: A Relational Approach to Make Data Warehouse Scale Like MapReduce. Proceedings of the Database Systems for Advanced Applications, Hong Kong, F April 22-25, 2011 [C]. Berlin Heidelberg: Springer, 2011.

[62] 王会举, 王珊, 覃雄派,等. 面向大规模机群的可扩展 OLAP 查询技术 [J]. 计算机学报, 2015, 38(1): 15.

[63] Qin X, Wang H, Du X, et al. Parallel Aggregation Queries over Star Schema: A Hierarchical Encoding Scheme and Efficient Percentile Computing as a Case. Proceedings of the 2011 IEEE Ninth International Symposium on Parallel and Distributed Processing with Applications, Busan, F May 26-28, 2011 [C]. Washington: IEEE Computer Society, 2011.

[64] Copeland G P, Khoshafian S N. A decomposition storage model. Proceedings of the SIGMOD, Austin, Texas, United States, F May 28-31, 1985 [C]. New York: ACM, 1985.

[65] Harizopoulos S, Liang V, Abadi D J, et al. Performance Tradeoffs in Read-Optimized Databases. Proceedings of the VLDB, F

September 12-15, 2006 [C]. New York: Seoul, 2006.

[66] Abadi D J, Madden S, Hachem N. Column-stores vs. row-stores: how different are they really? Proceedings of the SIGMOD, Vancouver, F June 10-12, 2008 [C]. New York: ACM, 2008.

[67] Stonebraker M, Abadi D J, Batkin A, et al. C-Store: A Column-oriented DBMS.Proceedings of the VLDB, Trondheim, Norway, F August 30-September 2, 2005 [C]. New York: ACM, 2005.

[68] Anastassia Ailamaki D J D, Mark D. Hill, Marios Skounakis. Weaving Relations for Cache Performance. Proceedings of the VLDB, Roma, F September 11-14, 2001 [C]. New York: Morgan Kaufmann, 2001.

[69] Holloway A L, DeWitt D J. Read-optimized databases, in depth [J]. PVLDB, 2008, 1(1): 502-513.

[70] Raman V, Swart G. How to Wring a Table Dry: Entropy Compression of Relations and Querying of Compressed Relations. Proceedings of the VLDB, Seoul, F September 12-15, 2006 [C]. New York: ACM, 2006.

[71] Shvachko K, Kuang H, Radia S, et al. The Hadoop Distributed File System. Proceedings of the IEEE 26th Symposium on Mass Storage Systems and Technologies, Nevada, F May 3-7, 2010 [C]. Washington: IEEE Computer Society, 2010.

[72] Jindal A, Quian \'e R J-A, Dittrich J. Trojan data layouts: right shoes for a running elephant. Proceedings of the SoCC, F October 26-28, 2011 [C]. Cascais: ACM, 2011.

[73] Corporation S. SAP IQ [M/OL]. (2016)[2015-04-20]. http://go. sap. com/product/data-mgmt/sybase-iq-big-data-management.html.

[74] Batory D S. On Searching Transposed Files [J]. Tods, 1979, 4(4): 531-544.

[75] Ramamurthy R, DeWitt D J, Su Q. A case for fractured mirrors [J]. VLDB J, 2003, 12(2): 89-101.

[76] Fan B, Tantisiriroj W, Xiao L, et al. DiskReduce: RAID for data-intensive scalable computing. Proceedings of the the 4th Annual Workshop on Petascale Data Storage, New York, NY, USA, F November 14-20, 2009 [C]. Oregon: ACM, 2009.

[77] Chen S. Cheetah: A High Performance, Custom Data Warehouse on Top of MapReduce [J]. Pvldb, 2010, 3(2): 1459-1468.

[78] Transaction Processing Performance Council. TPC-H [M/OL]. [2011-07-01]. http://www.tpc.org/tpch/.

[79] Wang H, Li F, Zhou X, et al. HC-Store: putting MapReduce's foot in two camps [J]. Frontiers of Computer Science, 2014, 8(6): 859-871.

[80] Sherif S, Sameh E, Yuxiong H. G-SPARQL: a hybrid engine for querying large attributed graphs. Proceedings of the the 21st ACM international conference on Information and knowledge management, Maui, Hawaii, USA, F October 29-November 02, 2012 [C]. Maui: ACM, 2012.

[81] Grzegorz M, Matthew H A, Aart J C B, et al. Pregel: a system for large-scale graph processing. Proceedings of the the 2010 ACM SIGMOD International Conference on Management of data, Indianapolis, Indiana, USA, F June 6-10, 2010 [C]. New York: ACM.

[82] Turi. GraphLab [M/OL]. (2016) [2014-06-02]. https://turi.com/.

[83] Gonzalez J E, Low Y, Gu H, et al. PowerGraph: Distributed Graph-Parallel Computation on Natural Graphs. Proceedings of the OSDI, Hollywood, F October 8-10, 2012 [C]. California: USENIX Association.

[84] Jonathan C. Graph Twiddling in a MapReduce World [J]. Computing in Science and Engg, 2009, 11(4): 29-41.

[85] Kang U, Charalampos E T, Christos F. PEGASUS: A Peta-Scale Graph Mining System Implementation and Observations. Proceedings

of the 2009 Ninth IEEE International Conference on Data Mining, Florida, F December 6-9, 2009 [C]. Washington: IEEE Computer Society, 2009.

[86] Jim G, Surajit C, Adam B, et al. Data Cube: A Relational Aggregation Operator Generalizing Group-By, Cross-Tab, and Sub-Totals [J]. Data Min Knowl Discov, 1997, 1(1): 29-53.

[87] Sameet A, Rakesh A, Prasad D, et al. On the Computation of Multidimensional Aggregates. Proceedings of the the 22th International Conference on Very Large Data Bases, Mumbai (Bombay), India, F September 3-6, 1996 [C]. Morgan Kaufmann: Morgan Kaufmann Publishers Inc., 1996.

[88] Kevin B, Raghu R. Bottom-up computation of sparse and Iceberg CUBE. Proceedings of the the 1999 ACM SIGMOD international conference on Management of data, Philadelphia, Pennsylvania, USA, F June 1-3, 1999 [C]. New York: ACM, 1999.

[89] Li X, Han J, Gonzalez H. High-dimensional OLAP: a minimal cubing approach. Proceedings of the the Thirtieth international conference on Very large databases, Toronto, Canada, F August 31-September 3, 2004 [C]. California: Morgan Kaufmann, 2004.

[90] Kuznecov S, Kudryavcev Y. Applying Map-Reduce Paradigm for Parallel Closed Cube Computation. Proceedings of the the 2009 First International Conference on Advances in Databases, Knowledge, and Data Applications, Gosier, Guadeloupe, France, F March 1-6, 2009 [C]. Washington: IEEE Computer Society, 2009.

[91] Wang Z, Chu Y, Tan K-L, et al. Scalable Data Cube Analysis over Big Data [J/OL]. (2013) [2015-01-23]. http://arxiv.org/abs/1311.5663.

[92] Arnab N, Cong Y, Philip B, et al. Distributed cube materialization on holistic measures. Proceedings of the the 2011 IEEE 27th International Conference on Data Engineering, Hannover,

Germany, F April 11-16, 2011 [C]. Washington: IEEE Computer Society, 2011.

[93] Saket N, Rajeev R, Nisheeth S. Graph summarization with bounded error. Proceedings of the the 2008 ACM SIGMOD international conference on Management of data, Vancouver, Canada, F June 10-12, 2008 [C]. New York: ACM, 2008.

[94] Deepayan C, Christos F. Graph Mining: Laws, Tools, and Case Studies [M]. San Rafael, California: Morgan \ & Claypool Publishers, 2012.

[95] Zhou Y, Cheng H, Yu J X. Graph clustering based on structural/attribute similarities [J]. Proc VLDB Endow, 2009, 2(1): 718-729.

[96] Tian Y, Hankins R, A, Patel J, M. Efficient aggregation for graph summarization.Proceedings of the 2008 ACM SIGMOD international conference on Management of data, Vancouver, Canada, F June 10-12, 2008 [C]. New York: ACM, 2008.

[97] Chen C, Yan X, Zhu F, et al. Graph OLAP: a multi-dimensional framework for graph data analysis [J]. Knowl Inf Syst, 2009, 21(1): 41-63.

[98] Qu Q, Zhu F, Yan X, et al. Efficient Topological OLAP on Information Networks.Proceedings of the DASFAA, Hong Kong, F April 22-25, 2011 [C]. Berlin, Germany: Springer, 2011.

[99] Zhao P, Li X, Xin D, et al. Graph cube: on warehousing and OLAP multidimensional networks. Proceedings of the SIGMOD, Athens, Greece, F June 12-16, 2011 [C]. New York: ACM, 2011.

[100] Yin M, Wu B, Zeng Z. HMGraph OLAP: a novel framework for multi-dimensional heterogeneous network analysis. Proceedings of the DOLAP, Maui, HI, USA, F November 2, 2012 [C]. New York: ACM, 2012.

[101] Li C, Yu P S, Zhao L, et al. InfoNetOLAPer: Integrating

InfoNetWarehouse and InfoNetCube with InfoNetOLAP [J]. PVLDB, 2011, 4(12): 1422-1425.

[102] Beheshti S-M-R, Benatallah B, Nezhad H R M, et al. A Framework and a Language for On-Line Analytical Processing on Graphs. Proceedings of the Web Information Systems Engineering, Paphos, Cyprus, F November 28-30, 2012 [C]. Berlin, Germany: Springer, 2012.

[103] Fedoryuk M V. Asymptotic Methods in Analysis [M]// GAMKRELIDZE R V. Analysis I: Integral Representations and Asymptotic Methods. Berlin, Heidelberg; Springer Berlin Heidelberg. 1989: 83-191.

[104] Kurant M, Gjoka M, Wang Y, et al. Coarse-grained topology estimation via graph sampling. Proceedings of the ACM workshop on Workshop on Online Social Networks, Helsinki, Finland, F August 17, 2012 [C]. New York: ACM, 2012.

[105] Stanford University. Stanford Network Analysis Project [M/OL]. (2016) [2016-02-21]. http://snap.stanford.edu/.